青少年科技创新丛书

App Inventor 2
与机器人程序设计

郑剑春　张少华　著

清华大学出版社
北 京

内 容 简 介

本书选用目前流行的 App Inventor 2 作为程序设计软件,通过案例的方式使读者了解如何进行手机的程序制作,同时本书提供了手机控制乐高 NXT、EV3 以及有关 FTC 机器人比赛的解决方案。针对手机与互联网的发展,本书讲述了如何利用乐高机器人将传感器数据上传网络,以及如何获得数据并进行远程控制。本书为学生的实践创新活动提供了丰富的案例。

本书面向广大初学者,可以作为大、中学生选修课程的教材。

图书在版编目(CIP)数据

App Inventor 2 与机器人程序设计/郑剑春,张少华著. --北京:清华大学出版社,2016
(青少年科技创新丛书)
ISBN 978-7-302-44491-6

Ⅰ. ①A… Ⅱ. ①郑… ②张… Ⅲ. ①移动终端-应用程序-程序设计 ②机器人-程序设计
Ⅳ. ①TN929.53 ②TP242

中国版本图书馆 CIP 数据核字(2016)第 171704 号

责任编辑:帅志清
封面设计:刘 莹
责任校对:袁 芳
责任印制:李红英

出版发行:清华大学出版社
　　　　网　　　址:http://www.tup.com.cn,http://www.wqbook.com
　　　　地　　　址:北京清华大学学研大厦 A 座　　　　　　邮　　编:100084
　　　　社 总 机:010-62770175　　　　　　　　　　　　邮　　购:010-62786544
　　　　投稿与读者服务:010-62776969,c-service@tup.tsinghua.edu.cn
　　　　质量反馈:010-62772015,zhiliang@tup.tsinghua.edu.cn
印　刷　者:北京鑫丰华彩印有限公司
装　订　者:三河市溧源装订厂
经　　销:全国新华书店
开　　本:185mm×260mm　　　　印　张:12.5　　　　字　数:282 千字
版　　次:2016 年 8 月第 1 版　　　　　　　　　　　印　次:2016 年 8 月第 1 次印刷
印　　数:1～2000
定　　价:56.00 元

产品编号:069655-01

序 （1）

吹响信息科学技术基础教育改革的号角

（一）

信息科学技术是信息时代的标志性科学技术。信息科学技术在社会各个活动领域广泛而深入的应用，就是人们所熟知的信息化。信息化是 21 世纪最为重要的时代特征。作为信息时代的必然要求，它的经济、政治、文化、民生和安全都要接受信息化的洗礼。因此，生活在信息时代的人们应当具备信息科学的基本知识和应用信息技术的基础能力。

理论和实践表明，信息时代是一个优胜劣汰、激烈竞争的时代。谁先掌握了信息科学技术，谁就可能在激烈的竞争中赢得制胜的先机。因此，对于一个国家来说，信息科学技术教育的成败优劣，就成为关系国家兴衰和民族存亡的根本所在。

同其他学科的教育一样，信息科学技术的教育也包含基础教育和高等教育两个相互联系、相互作用、相辅相成的阶段。少年强则国强，少年智则国智。因此，信息科学技术的基础教育不仅具有基础性意义，而且具有全局性意义。

（二）

为了搞好信息科学技术的基础教育，首先需要明确：什么是信息科学技术？信息科学技术在整个科学技术体系中处于什么地位？在此基础上，明确：什么是基础教育阶段应当掌握的信息科学技术？

众所周知，人类一切活动的目的归根结底就是要通过认识世界和改造世界，不断地改善自身的生存环境和发展条件。为了认识世界，就必须获得世界（具体表现为外部世界存在的各种事物和问题）的信息，并把这些信息通过处理提炼成为相应的知识；为了改造世界（表现为变革各种具体的事物和解决各种具体的问题），就必须根据改善生存环境和发展条件的目的，利用所获得的信息和知识，制定能够解决问题的策略并把策略转换为可以实践的行为，通过行为解决问题、达到目的。

可见，在人类认识世界和改造世界的活动中，不断改善人类生存环境和发展条件这个目的是根本的出发点与归宿，获得信息是实现这个目的的基础和前提，处理信息、提炼知识和制定策略是实现目的的关键与核心，而把策略转换成行为则是解决问题、实现目的的最终手段。不难明白，认识世界所需要的知识、改造世界所需要的策略以及执行策略的行为是由信息加工分别提炼出来的产物。于是，确定目的、获得信息、处理信息、提炼知识、制定策略、执行策略、解决问题、实现目的，就自然地成为信息科学技术的基本任务。

这样，信息科学技术的基本内涵就应当包括：①信息的概念和理论；②信息的地位和作用,包括信息资源与物质资源的关系以及信息资源与人类社会的关系;③信息运动的基本规律与原理,包括获得信息、传递信息、处理信息、提炼知识、制定策略、生成行为、解决问题、实现目的的规律和原理;④利用上述规律构造认识世界和改造世界所需要的各种信息工具的原理和方法;⑤信息科学技术特有的方法论。

鉴于信息科学技术在人类认识世界和改造世界活动中所扮演的主导角色,同时鉴于信息资源在人类认识世界和改造世界活动中所处的基础地位,信息科学技术在整个科学技术体系中显然应当处于主导与基础双重地位。信息科学技术与物质科学技术的关系,可以表现为信息科学工具与物质科学工具之间的关系:一方面,信息科学工具与物质科学工具同样都是人类认识世界和改造世界的基本工具;另一方面,信息科学工具又驾驭物质科学工具。

参照信息科学技术的基本内涵,信息科学技术基础教育的内容可以归结为:①信息的基本概念;②信息的基本作用;③信息运动规律的基本概念和可能的实现方法;④构造各种简单信息工具的可能方法;⑤信息工具在日常活动中的典型应用。

(三)

与信息科学技术基础教育内容同样重要甚至更为重要的问题是要研究:怎样才能使中小学生真正喜爱并能够掌握基础信息科学技术? 其实,这就是如何认识和实践信息科学技术基础教育的基本规律的问题。

信息科学技术基础教育的基本规律有很丰富的内容,其中有两个重要问题:一是如何理解中小学生的一般认知规律,二是如何理解信息科学技术知识特有的认知规律和相应能力的形成规律。

在人类(包括中小学生)一般的认知规律中,有两个普遍的共识:一是"兴趣决定取舍",二是"方法决定成败"。前者表明,一个人如果对某种活动有了浓厚的兴趣和好奇心,就会主动、积极地探寻奥秘;如果没有兴趣,就会放弃或者消极应付。后者表明,即使有了浓厚的兴趣,如果方法不恰当,最终也会导致失败。所以,为了成功地培育人才,激发浓厚的兴趣和启示良好的方法都非常重要。

小学教育处于由学前的非正规、非系统教育转为正规的系统教育的阶段,原则上属于启蒙教育。在这个阶段,调动兴趣和激发好奇心理更加重要。中学教育的基本要求同样是要不断调动学生的学习兴趣和激发他们的好奇心理,但是这一阶段越来越重要的任务是要培养他们的科学思维方法。

与物质科学技术学科相比,信息科学技术学科的特点是比较抽象、比较新颖。因此,信息科学技术的基础教育还要特别重视人类认识活动的另一个重要规律:人们的认识过程通常是由个别上升到一般,由直观上升到抽象,由简单上升到复杂。所以,从个别的、简单的、直观的学习内容开始,经过量变到质变的飞跃和升华,才能掌握一般的、抽象的、复杂的学习内容。其中,亲身实践是实现由直观到抽象过程的良好途径。

综合以上几方面的认知规律,小学的教育应当从个别的、简单的、直观的、实际的、有趣的学习内容开始,循序渐进,由此及彼,由表及里,由浅入深,边做边学,由低年级到高年级,由小学到中学,由初中到高中,逐步向一般的、抽象的、复杂的学习内容过渡。

（四）

我们欣喜地看到，在信息化需求的推动下，信息科学技术的基础教育已在我国众多的中小学校试行多年。感谢全国各中小学校的领导和教师的重视，特别感谢广大一线教师们坚持不懈的努力，克服了各种困难，展开了积极的探索，使我国信息科学技术的基础教育在摸索中不断前进，取得了不少可喜的成绩。

由于信息科学技术本身还在迅速发展，人们对它的认识还在不断深化。由于受"重书本""重灌输"等传统教育思想和教学方法的影响，学生学习的主动性、积极性尚未得到充分发挥，加上部分学校的教学师资、教学设施和条件还不够充足，教学效果尚不能令人满意。总之，我国信息科学技术基础教育存在不少问题，亟须研究和解决。

针对这种情况，在教育部基础司的领导下，我国从事信息科学技术基础教育与研究的广大教育工作者正在积极探索解决这些问题的有效途径。与此同时，北京、上海、广东、浙江等省市的部分教师也在自下而上地联合起来，共同交流和梳理信息科学技术基础教育的知识体系与知识要点，编写新的教材。所有这些努力，都取得了积极的进展。

《青少年科技创新丛书》是这些努力的一个组成部分，也是这些努力的一个代表性成果。丛书的作者们是一批来自国内外大中学校的教师和教育产品创作者，他们怀着"让学生获得最好教育"的美好理想，本着"实践出兴趣，实践出真知，实践出才干"的清晰信念，利用国内外最新的信息科技资源和工具，精心编撰了这套重在培养学生动手能力与创新技能的丛书，希望为我国信息科学技术基础教育提供可资选用的教材和参考书，同时也为学生的科技活动提供可用的资源、工具和方法，以期激励学生学习信息科学技术的兴趣，启发他们创新的灵感。这套丛书突出体现了让学生动手和"做中学"的教学特点，而且大部分内容都是作者们所在学校开发的课程，经过了教学实践的检验，具有良好的效果。其中，也有引进的国外优秀课程，可以让学生直接接触世界先进的教育资源。

笔者看到，这套丛书给我国信息科学技术基础教育吹进了一股清风，开创了新的思路和风格。但愿这套丛书的出版成为一个号角，希望在它的鼓动下，有更多的志士仁人关注我国的信息科学技术基础教育的改革，提供更多优秀的作品和教学参考书，开创百花齐放、异彩纷呈的局面，为提高我国的信息科学技术基础教育水平作出更多、更好的贡献。

钟义信

2013 年冬于北京

序 （2）

　　探索的动力来自对所学内容的兴趣，这是古今中外之共识。正如爱因斯坦所说：一头贪婪的狮子，如果被人们强迫不断进食，也会失去对食物贪婪的本性。学习本应源于天性，而不是强迫地灌输。但是，当我们环顾目前教育的现状，却深感沮丧与悲哀：学生太累，压力太大，以至于使他们失去了对周围探索的兴趣。在很多学生的眼中，已经看不到对学习的渴望，他们无法享受学习带来的乐趣。

　　在传统的教育方式下，通常由教师设计各种实验让学生进行验证，这种方式与科学发现的过程相违背。那种从概念、公式、定理以及脱离实际的抽象符号中学习的过程，极易导致学生机械地记忆科学知识，不利于培养学生的科学兴趣、科学精神、科学技能，以及运用科学知识解决实际问题的能力，不能满足学生自身发展的需要和社会发展对创新人才的需求。

　　美国教育家杜威指出：成年人的认识成果是儿童学习的终点。儿童学习的起点是经验，"学与做相结合的教育将会取代传授他人学问的被动的教育"。如何开发学生潜在的创造力，使他们对世界充满好奇心，充满探索的愿望，是每一位教师都应该思考的问题，也是教育可以获得成功的关键。令人感到欣慰的是，新技术的发展使这一切成为可能。如今，我们正处在科技日新月异的时代，新产品、新技术不仅改变我们的生活，而且让我们的视野与前人迥然不同。我们可以有更多的途径接触新的信息、新的材料，同时在工作中也易于获得新的工具和方法，这正是当今时代有别于其他时代的特征。

　　当今时代，学生获得新知识的来源已经不再局限于书本，他们每天面对大量的信息，这些信息可以来自网络，也可以来自生活的各个方面，如手机、iPad、智能玩具等。新材料、新工具和新技术已经渗透到学生的生活中，这也为教育提供了新的机遇与挑战。

　　将新的材料、工具和方法介绍给学生，不仅可以改变传统的教育内容与教育方式，而且将为学生提供一个实现创新梦想的舞台，教师在教学中可以更好地观察和了解学生的爱好、个性特点，更好地引导他们，更深入地挖掘他们的潜力，使他们具有更为广阔的视野、能力和责任。

　　本套丛书的作者大多是来自著名大学、著名中学的教师和教育产品的科研人员，他们在多年的实践中积累了丰富的经验，并在教学中形成了相关的课程，共同的理想让我们走到了一起，"让学生获得最好的教育"是我们共同的愿望。

App Inventor 2 与机器人程序设计

　　本套丛书可以作为各校选修课程或必修课程的教材,同时也希望借此为学生提供一些科技创新的材料、工具和方法,让学生通过本套丛书获得对科技的兴趣,产生创新与发明的动力。

丛书编委会

2013 年 10 月 8 日

前　言

　　我们生活中的智能产品无处不在,汽车、飞机、iPad、ATM 机、百度搜索等,这些产品已经深入到生活的各个方面,今天的教育无论是形式还是内容都与 10 年前有着极大的不同。今天的人们有幸见证了这一时代的发展。

　　手机是这些产品的一个重要代表,它的影响更为深远。

　　以前被视作高科技产品的计算机,只有专业人士才可使用,当 Windows 系统出现后计算机得到了迅速普及。今天,从事各行各业的人们只要经过简单的培训,就可以方便地使用计算机。

　　正如计算机的普及过程一样,以前手机程序是由专业人士来设计的,需要通过 Eclipse 编写 Java 代码,人们不会轻易涉及这一领域。但是,2013 年美国麻省理工学院上线的 App Inventor 2 通过图形化编程的方式,让手机的程序设计得到了广泛的普及。App Inventor 2 为用户提供了便捷的开发环境和方法,让专业的产品得以普及。用户无须编程基础,只要经过简单训练,就可以编写出自己喜爱的手机程序,从而使得从事不同职业的人们都有机会为手机的应用作出贡献。

　　我多年来一直对手机和各种智能产品有很大的兴趣,App Inventor 2 的出现更使我感到面对的是一个广阔的发展、探究空间。通过手机的程序设计,人们可以将各种外接智能设备通过网络连接加以控制,并在这样一个平台上实现无限创新的设想。

　　本书是在中学开设选修课的基础上整理而成,在编写过程中得到了吕恭超、王家文、葛雷、陈传镇等人的帮助,学生们的热情也让我备受鼓舞,在此向他们表示感谢。

　　由于水平所限,书中疏漏在所难免,敬请读者批评指正。

郑剑春

2016 年 4 月

目　录

第 1 章　Android 与 App Inventor 2

Android 与 App Inventor 2 是本章要讲述的两个重要内容，也是目前智能装备中应用范围最为广泛的系统与编程软件。

1.1　广泛应用的 Android 系统

谈到手机的程序设计，就要提到 Android 系统。Android 是 Google 发布的基于 Linux 平台的智能手机操作系统，是第一个完整、开源、免费的手机操作系统。

Android 最初于 2003 年由安迪·罗宾（Andy Rubin）创建，2007 年 Google 公司正式向外界展示了这款名为 Android 的操作系统。目前，Android 已占有全球智能手机操作系统市场的大部分份额，Android 具有如此广泛的市场占有率，源于 Android 的特点。

（1）Android 是一款开源手机系统，有效地缩短了开发周期，以降低开发成本。

（2）Android 为各种应用程序提供支持，能够满足用户对不同应用的需求。

（3）借助谷歌在互联网运营方面的优势，谷歌地图、邮件和搜索等服务直接内置在 Android 系统中，增强了手机的实用功能。

Android 系统在其他领域中也有广泛的应用。

1. 谷歌眼镜

"谷歌眼镜"是谷歌公司在 2012 年 4 月发布的一款"扩展现实"眼镜产品，如图 1-1 所示。它可以通过声音控制拍照、视频通话和辨明方向，可以访问互联网信息、处理文字信息和电子邮件。眼镜的右眼镜片上安装了一个微型投影仪和一个摄像头，投影仪用于显示数据，摄像头用于拍摄视频和照片，再通过传感器进行存储和传输，而操控模式可以是

图 1-1　谷歌眼镜

语言或触控。

2. 智能手表

i'm Watch(见图1-2)作为一款智能手表,既可以与Android系统手机连接,同时自己也可运行Android系统。它除了可以显示时间和天气外,还可以显示短信息和联系人等。

3. 智能电视与智能浴室镜

智能电视具有全开放式平台,运行最新的Android 4.0系统,用户在欣赏普通电视内容的同时,可自行安装和卸载各类应用软件,持续对功能进行扩充和升级的新电视产品。

另外,日本Seraku公司曾经展示了一种名为Smart Basin的智能浴室镜,如图1-3所示。它可以作为完整的信息终端,通过内置的应用程序检测每日浴室的用水量,管理用户的体重及嵌入式的信息展示。

图1-2 智能手表

图1-3 智能浴室镜

4. 智能厨房电器

松下开发了一款基于Android系统和云服务的微波炉,它可以自动搜索食谱及解冻食品。另外,还有一款Android系统电饭煲,可以通过RFID与Android应用程序直接交换食谱。在拉斯维加斯的CES消费电子展上,三星展示了一款型号为T9000的智能冰箱,如图1-4所示。在这台冰箱的门上镶嵌了一款搭载Android系统的触摸显示屏,不仅

图1-4 智能冰箱

拥有普通平板电脑的功能,同时还可以直接通过 Android 系统对冰箱的温度和功能进行控制。智能冰箱是一台有着内置应用软件的冰箱,其功能包括显示照片、播放音乐和给家人留便条等。三星 Android 冰箱还有一个专门用来除霜以及改变温度的应用软件。

1.2 App Inventor 2 起源

App Inventor 是一款所见即所得的 Android 应用程序编辑器,用户可以图形化的方式来创建 Android 应用。通常认为这种编程方式来自 Scratch 软件的影响,如图 1-5 所示,Scratch 是麻省理工媒体实验室开发的一款面向儿童的编程工具,旨在通过游戏式的方式激发深层次的学习。用户可以利用 Scratch 创建互动动画、故事或游戏,并可通过网络与其他开发者分享自己的创作成果。Scratch 的学习可以为日后学习更高级别的编程语言奠定坚实的知识基础。MIT 的 Scratch 团队重视软件的易学性,因此运用 Scratch 进行创建和调试都非常简易,目前这一软件已经风靡国内外,成为小学生学习编程的首选软件。

图 1-5 Scratch 软件

App Inventor 在很多方面借鉴了麻省理工学院的可视化教学项目 Scratch 等的研究成果。App Inventor 2 的开发将完全在网页中进行,不再依赖 Java 虚拟机,而且在开发过程中更加高效、简洁。目前使用的是 2013 年麻省理工学院上线的 App Inventor 版本——App Inventor 2。

App Inventor 出现之前,Android 的开发方式主要是使用 Eclipse 编写 Java 代码,这是一种成熟且普遍的方法,如《当安卓遇上乐高——用 Android 手机打造智能乐高机器人》(王元著)就讲述了这样一种编程方式。这种开发方式对开发人员的经验具有一定的要求,对于刚刚接触程序开发或者没有程序开发经验的用户来说,使用代码开发是一件较为困难的事情。

相比之下，App Inventor 2 为用户提供了更为便捷的开发环境和方法，具有操作简单、可视化、模块化、事件置顶、正确率高和便于调试等优点。

使用 App Inventor 2 无须具备编程知识，也不需要记忆和编写代码，程序的组件和功能都存储在模块编辑库中，在创建程序时只需将其拖曳到编辑区域进行组合即可，用户不需要记忆如何输入指令或参考任何编程设计手册。

同时这种编程方式可以很有效地控制错误发生，如果选择了一种类型的参数模块槽，便无法将其他类型的参数模块与其拼接，这样便降低了参数设置错误的概率。App Inventor 允许相匹配的模块进行拼接，这个特点在一定程度上保证了编程的正确性。如果编程过程中出现了错误，可以利用 App Inventor 的回收站，将错误的组件直接拖曳进去便可删除，这比起代码开发方式中对错误的修补要方便、简洁得多。

在应用程序的开发过程中，用户可以随时在自己的 Android 设备上或模拟器上进行调试，发现的错误可以随时进行修改。

1.3　App Inventor 2 编程准备

开发 App Inventor 2，对计算机系统的要求如表 1-1 所示。

表 1-1　系统要求

操 作 系 统	版 本 说 明
Macintosh	Mac OS X 10.5 或更高版本
Windows	Windows XP、Windows Vista、Windows 7
GNU/Linux	Ubuntu 8 或更高版本，Debian 5 或更高版本
Android Operating System	2.3 或更高版本

App Inventor 2 支持的浏览器如表 1-2 所示。

表 1-2　浏览器要求

浏 览 器 名 称	版 本 说 明
Mozilla Firefox	3.6 或更高版本
Apple Safari	5.0 或更高版本
Google Chrome	4.0 或更高版本
Microsoft Internet Explorer	暂不支持

本书所有案例选用 Windows XP 系统和 Mozilla Firefox 浏览器。

要想通过这一编程环境开发软件，还要先注册 Gmail 账号。可在谷歌搜索页面（http://www.google.com.hk）注册 Gmail 账号。只有注册了 Gmail，才可以进入 App Inventor 2 官方网站：MIT App Inventor 网站（http://appinventor.mit.edu/explore/），如图 1-6 所示。

通过单击右上角的 Create 按钮，在使用 Gmail 账号登录后，就可以进入 App Inventor 2 的开发环境。

图 1-6　建立账户或登录

对于国内用户,由于登录国外网站的限制,也可以登录国内代理服务器,如 http://app.gzjkw.net/login/,注册账号或使用 QQ 账号登录。

另外,向读者推荐北京市远程教育专委会中小学创客教育执委会网站,这个网站不仅提供了大量创作案例,同时也可在该网站进行开发体验,是一个很好的交流平台,网址为 http://ckjywz.lezhiyun.com/cms/,首页如图 1-7 所示。

图 1-7　单击右上角"进入 appinventor 开发"进入 App Inventor 开发体验

第 2 章 建立一个 App Inventor 2 程序

本章介绍 App Inventor 2 应用程序的基础知识和方法，并通过建立一个案例 Hello LEGO 来了解 App Inventor 2 各模块的功能，了解如何新建项目、如何连接手机进行程序调试，以及如何下载和安装。

2.1 创建新项目

Hello LEGO 示例非常简单，界面如图 2-1 所示。当单击 BUILD 按钮时，出现图 2-2 所示图片和 Hello LEGO 文字显示。

图 2-1　单击 BUILD 按钮　　　　图 2-2　Hello LEGO 界面

登录后就可进入 App Inventor 2 开发环境，如图 2-3 所示。App Inventor 2 的项目列表页面（对于初次登录的读者来说，应该没有已建项目）。

图 2-3　App Inventor 2 的项目列表页面

(1) 功能菜单,包括 Project(项目)、Connect(连接)、Build(建立)、Help(帮助)。

(2) 快捷菜单,包括 My Projects(我的项目)、Guide(向导)、Report an Issue(反馈)、
选择语言。

(3) 项目列表,包括 Start new project(新建项目)、Delete Project(删除项目)新建项
目时,项目名称只能由英文字母、数字和下划线组成,且首字不能是数字。

建立新的项目:通过菜单 Project→Start new project 命令,打开一个新的对话框,如
图 2-4 所示。

图 2-4 新项目名称

App Inventor 2 会自动打开新建立的项目,进入界面编辑界面。

(1) 界面设计器如图 2-5 所示。

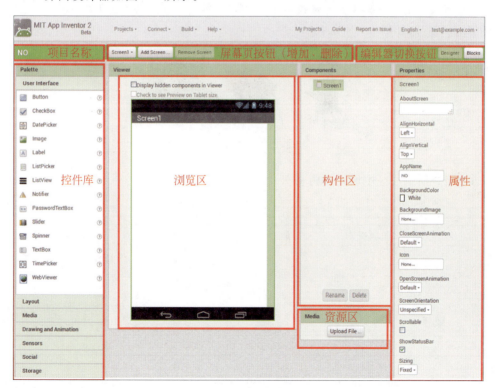

图 2-5 界面设计器

(2) 模块编辑器如图 2-6 所示。

图 2-6　模块编辑器

步骤 1　首先向资源区中上传这一 App 所需要的图片资源，单击 Upload File 按钮上传所需用的图片，如图 2-7 所示。

图 2-7　上传所需图片

步骤 2　向浏览区中加入按钮和图片，设置如表 2-1 所示。

表 2-1　组件及属性设置

组　件	所属组别	命　名	作　用	属 性 设 置
Screen		Screen1	屏幕	AlignHorizontal：Center AlignVertical：Center AppName：AI2-LEGO_1 Icon：LEGO.jpg Title：Hello LEGO
Button	User Interface	Button1	按键	Text：BUILD
Image	User Interface	Image1	显示图片	Picture：Lego-2.jpg
Label	User Interface	Label1	显示文字	Text："　" FontSize：20

设置后如图 2-8 所示。

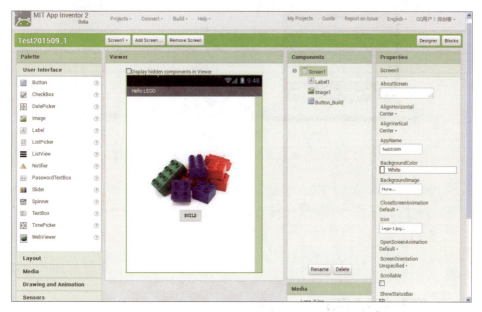

图 2-8　设置属性

步骤 3　进入模块编辑器窗口，编写程序如图 2-9 所示。

```
when  Button1 ▾ .Click
do   set  Image1 ▾ . Picture ▾  to   " Lego-1.jpg "
     set  Label1 ▾ . Text ▾  to   " Hello LEGO "
     set  Button1 ▾ . Visible ▾  to   false ▾
```

图 2-9　程序指令

以上指令分别表示当 Button1 被单击时：
（1）Image1 显示图片为 Lego-1.jpg；
（2）Label1 显示文字为 Hello LEGO、字号 20；
（3）Button1 按钮隐藏。

2.2　App Inventor 2 调试方式

编程之后，程序在安卓设备上运行的效果如何，可以用以下 3 种方式进行调试。

1.使用安卓设备和无线网络方式

使用安卓设备和无线网络方式无须在计算机上安装其他软件，而是通过在安卓设备（手机、平板电脑）上安装与 MIT App Inventor Companion 配套的 App 进行实时调试，如图 2-10 所示。

(a)　　　　　　　　　　　　　　　　　　(b)

图 2-10　在计算机上编写程序和在安卓设备上实时显示运行结果

步骤 1　扫描二维码从 Google Play Store 下载安装 MIT App Inventor Companion 配套的 App,如图 2-11 所示。也可直接下载,地址为 http://appinv.us/xAIcf34。

步骤 2　将 Android 设备与计算机连接到同一无线网络,只有这样才能将正在开发的 App 显示在 Android 设备上进行调试。

步骤 3　打开或新建立一个项目,选择 Connect→AI Companion,如图 2-12 所示。

图 2-11　扫描二维码　　　　图 2-12　选择 AI Companion 方式连接手机

出现图 2-13 所示二维码,打开手机上的 MIT App Inventor 2 Companion,单击 scan QR code 扫描二维码(或输入 6 位数,单击 connect with code 按钮)即可完成与计算机的连接,在手机屏上显示所编写的 App,如图 2-13 所示。

图 2-13　扫描二维码

这种方式最为简捷方便,易于操作。本书推荐使用这种调试方式。

2. 使用模拟器方式

如果没有安卓手机或平板电脑,可以使用 App Inventor 2 模拟器来进行 App 调试,用模拟器进行开发,首先要在计算机上安装相关软件,步骤如下:

步骤 1　在计算机中安装 App Inventor Setup 软件(下载网址:http://appinv.us/aisetup_windows),下载软件如图 2-14 所示。

安装这一软件时会出现对话框,如图 2-15 所示,只要单击"运行"按钮安装这一软件就可以了。

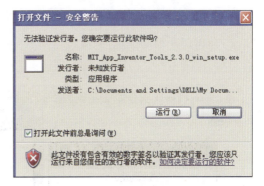

图 2-14　App Inventor Setup 软件　　　　图 2-15　安装软件

安装完成后会在桌面上出现一个快捷方式,如图 2-16 所示。

步骤 2　双击启动,会出现图 2-17 所示窗口。

图 2-16　快捷方式　　　　　　　　图 2-17　aiStarter 运行窗口

步骤 3　打开 App Inventor 项目并连接,选择 Emulator(模拟器),如图 2-18 所示。在选择 Emulator 之后会出现一个对话框,如图 2-19 所示。

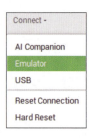

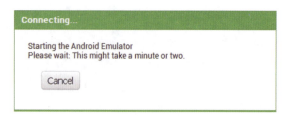

图 2-18　选择 Emulator　　　　　　　　图 2-19　连 接 中

表示正在连接模拟器,稍后就会出现模拟器,如果模拟器的版本低于 App Inventor 项目要求,会出现升级的提示,只要按提示一步步操作就可完成。模拟器完成启动后会显示正在 App Inventor 中创建的 App,如图 2-20 所示。

图 2-20　模拟器完成启动

3. 用 USB 数据线连接手机或平板电脑方式

有时,由于没有 Wi-Fi 网络,无法使用 Wi-Fi 连接手机或平板电脑,这时可以使用 USB 数据线连接的方式。

步骤 1　在计算机中安装 App Inventor Setup 软件。同"使用安卓设备和无线网络方式"的步骤 1。

步骤 2　下载安装 MIT App Inventor Companion 配套 App。同"使用安卓设备和无线网络方式"的步骤 1。

步骤 3　双击 图标启动 aiStarter,同"使用模拟器方式"的步骤 2。

步骤 4　在计算机上为安卓设备安装驱动程序,并打开调试模式。

步骤 5　使用 USB 数据线连接计算机与安卓设备。

选择以上 3 种方式之一,对所做的程序进行调试。经过测试后的 App 设计程序就可以生成 apk 格式文件,并安装在手机上。步骤如下:

　　(1) 选择 Build→App(save.apk to my computer)菜单命令,如图 2-21 所示。

　　(2) 选择文件存储位置,如图 2-22 所示。

图 2-21　生成 apk 格式文件　　　　　　　图 2-22　选择文件存储位置

　　(3) 通过手机助手安装器进行安装,如图 2-23 所示。

图 2-23　用手机助手安装生成的 apk 格式文件

　　单击"安装"按钮,就可以将这一 App 安装在手机上,屏幕上会增加一个新的图标 。

第3章 程序基础知识

App Inventor 2 作为一种编程软件，它与其他程序设计软件一样，可以设置变量并进行数字、逻辑等运算，同时它提供循环、分支等结构让程序可以更加多样化，适合不同的设计要求，让 App 的程序设计有更加广泛的应用。

3.1 程序设计的几个概念

1. 变量

（1）变量概念源于数学，在计算机语言中能储存计算结果或能表示值的抽象概念。变量首先需要进行声明，其后可以通过变量名来进行访问。

（2）声明原则和类型。变量名必须以字母或下划线打头，名字中间只能由字母、数字和下划线组成；不能以数字开头，不能使用中文。App Inventor 中变量类型有数字型（number）、文字型（text）、逻辑型（logic）和列表型（list）。声明变量时要初始化赋值。

（3）变量包括局部（local）变量（只能在事件模块中调用）和全局（global）变量（在整个 App 中均可调用）。

定义变量的步骤如下。

（1）定义一个全局变量，如图 3-1 所示。

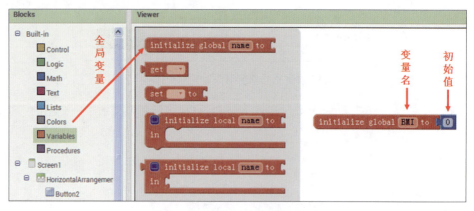

图 3-1　定义一个全局变量

（2）定义一个局部变量，如图 3-2 所示。

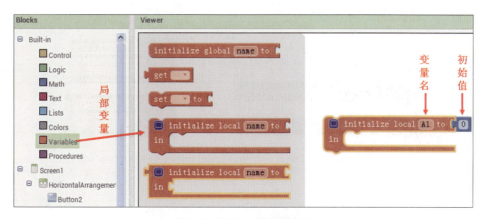

图 3-2 定义一个局部变量

2. 属性

组件的属性是指组件的大小、颜色、位置、形状等特性，属性可以在前端 UI 设计界面中进行设置，也可以在 Blocks 模块中设置。Blocks 模块中属性模块用绿色表示，如图 3-3 所示。

3. 事件

事件是可以被控件识别的操作，如单击"确定"按钮、选择某个单选按钮或者复选框。每一种控件有自己可以识别的事件，如窗体的加载、单击、双击等事件，编辑框（文本框）的文本改变事件等。

Blocks 模块中事件为暗黄色马蹄形，如图 3-4 所示。

图 3-3 设置属性   图 3-4 事件设置

4. 方法

方法是指触发内部程序，如弹出对话框、隐藏键盘、保存数据等。

方法模块为紫色，如图 3-5 所示。

5. 过程

过程是存放在某个名称下的一系列块的组合，或者代码。在计算机科学中，过程也称为函数。在开发中如果需要反复使用同一个块集合，此时通过定义过程，可减少代码冗余。过程可以有返回值，也可以没有。一个过程可以没有或者有多个参数。一般来说，一个过程完成一项功能,如图 3-6 所示。

图 3-5　方法设置　　　　　　　图 3-6　建立过程

6.列表

列表(List)是 App Inventor 中 3 种类型变量之一。在 App Inventor 中列表是一个可以存放多个相同类型的元素的集合。

(1)新建列表并增加数据,如图 3-7 所示。

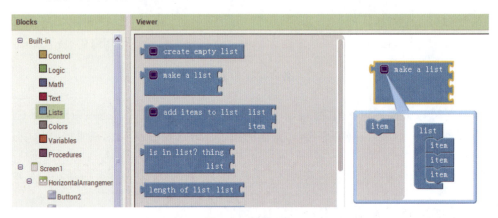

图 3-7　新建列表

(2)创建一个全局列表,如图 3-8 所示。

图 3-8　全局变量为一列表

(3)如果调用其中某一数据就要用到索引值,索引从 1 开始,索引编号不能超过列表数据项的总数,如图 3-9 所示。

图 3-9　指定索引值

列表可以是一维的或二维的,它相当于其他编程语言的数组。在内存中,列表中的元素是按先后顺序连续存放。列表的值通过列表名称及其索引值引用。列表索引从 1 开始，如果索引的值大于列表的长度系统就会报错。

一维列表如表 3-1 所示。

表 3-1　一维列表

索引	1	2	3
列表	Daive	Lisa	Tony

将一维列表存为变量，模块如图 3-10 所示。

图 3-10　变量为一维列表

二维列表如表 3-2 所示。

表 3-2　二维列表

索引	1	2
1	20151001	Daive
2	20151002	Lisa
3	20151003	Tony

将二维列表存为变量，模块如图 3-11 所示。

图 3-11　变量为二维列表

7. 循环结构

（1）for each from 模块，如图 3-12 所示。

图 3-12　for each from 模块

这一模块中,from、to、by 分别连接变量 number 的初值、变量 number 的末值和每次循环的递增量,如图 3-13 和图 3-14 所示,连接到指定值并显示结果。

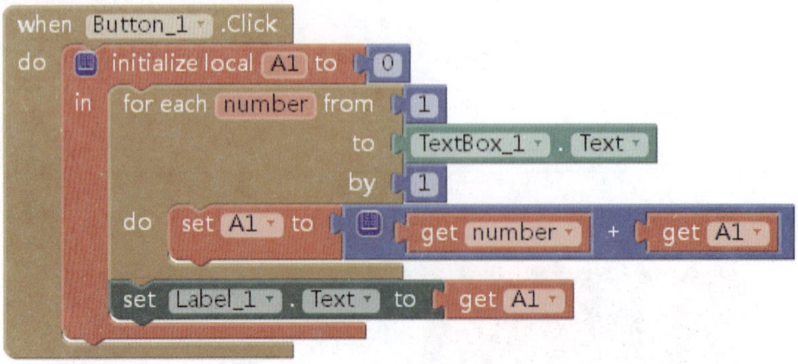

图 3-13　变量为局域变量一

(2) while 模块,如图 3-15 所示。

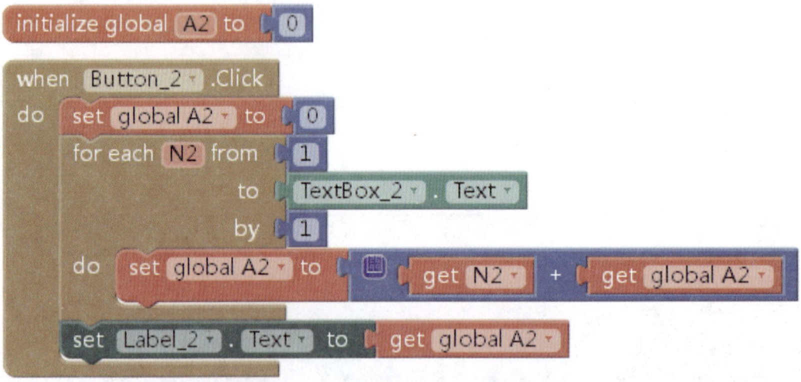

图 3-14　变量为局域变量二

图 3-15　while 模块

这一模块表示当条件满足时执行循环,test 连接循环的条件,如图 3-16 所示,指定数字进行累加并显示最后结果。

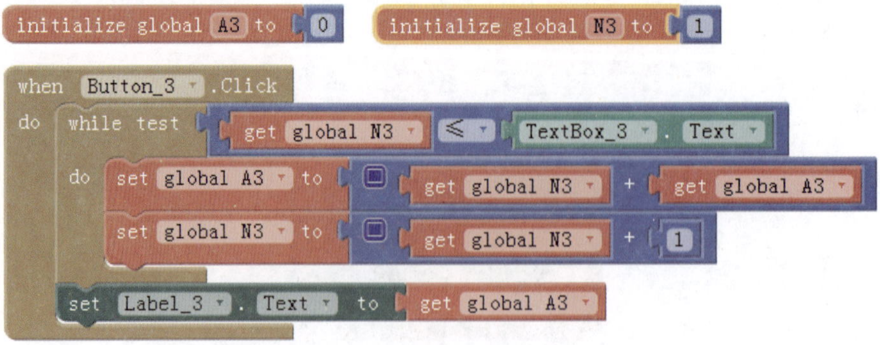

图 3-16　数字累加

3.2　求 BMI 值

案例 3.1　计算 BMI 指数

 任务描述

输入体重、身高,获得 BMI 指数,并获得有关健康的建议。

BMI 指数即身体质量指数,简称体质指数(Body Mass Index,BMI),是用体重公斤数除以身高米数平方得出的数字,是目前国际上常用的衡量人体胖瘦程度以及是否健康的一个标准。

 学习目标

- 学习数学的运算模块的应用。
- 学习逻辑判断模块的应用。
- 学习 if...then...else 流程控制。

步骤 1　设计用户界面(User Interface,UI)。

首先向资源区中上传这一 App 所需要的图片资源,单击 Upload File 按钮上传所需图片,如图 3-17 所示。

Doubt.jpg　　　　　sad.jpg　　　　　smile.jpg

图 3-17　本项目所需图片

将所用模块调入浏览区,如图 3-18 所示。

步骤 2　设置各模块属性,如表 3-3 所示。

表 3-3　属性设置

组　件	所属组别	命　名	作　用	属性设置
Label	User Interface	BMI?	显示文字	Text:"BMI＝?" FontSize:30
TextBox	User Interface	Hight	输入身高	Hint:请输入身高(m) Text:"　"
TextBox	User Interface	Weight	输入体重	Hint:请输入体重(kg) Text:"　"
Label	User Interface	Judge	显示文字	Text:"　"
Button	User Interface	Count	按键	Text:"计算"
Image	User Interface	Image1	显示图片	Picture:"Doubt.jpg"

图 3-18　UI 设计

步骤 3　进入模块编辑器窗口，首先建立一个全局变量，用于存储运算数据，如图 3-19 所示。

在本案例中要用到分支结构进行判断，分支结构如图 3-20 所示。

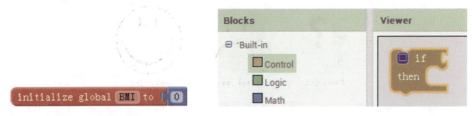

图 3-19　定义全局变量　　　　　图 3-20　调用分支结构

希望获得的一个多重条件判断如下：

(1) BMI≤18.5，体重过轻；

(2) 18.5≤BMI<24，体重正常；

(3) 24≤BMI<30，过重；

(4) 24≤BMI<30，轻度肥胖；

(5) 30≤BMI<35，中度肥胖；

(6) BMI≥35，重度肥胖。

为了增加 if then 结构的判断条件，可以建立图 3-21 所示模块。

将这一模块从单一条件选择变成了多重条件选择。

步骤 4　具体如下。

(1) 对输入的体重、身高按照公式"BMI=体重/身高×身高"赋值给全局变量。

(2) 用标签"BMI?"显示 BMI 数值。

图 3-21　增加判断条件

（3）判断 BMI 是否在 <18.5 的范围，如果是，则显示"体重过轻"，同时显示图片 sad.jpg。

（4）判断 BMI 是否在 18.5≤BMI<24 范围内，如果是，则显示"体重正常"，同时显示图片 smile.jpg。

依次选择（略），完成的程序如图 3-22 所示。

```
when Count ▾ .Click
do  set global BMI ▾ to  [ Weight ▾ . Text ▾ / [ Hight ▾ . Text ▾ × Hight ▾ . Text ▾ ] ]
    set BMI? ▾ . Text ▾ to  get global BMI ▾
    if  get global BMI ▾ < 18.5
    then  set Judge ▾ . Text ▾ to  " 体重过轻 "
          set Image1 ▾ . Picture ▾ to  " sad.jpg "
    else if  get global BMI ▾ ≥ 18.5  and  get global BMI ▾ < 24
    then  set Judge ▾ . Text ▾ to  " 正常范围 "
          set Image1 ▾ . Picture ▾ to  " smile.jpg "
    else if  get global BMI ▾ ≥ 24  and  get global BMI ▾ < 27
    then  set Judge ▾ . Text ▾ to  " 过重 "
          set Image1 ▾ . Picture ▾ to  " sad.jpg "
    else if  get global BMI ▾ ≥ 27  and  get global BMI ▾ < 30
    then  set Judge ▾ . Text ▾ to  " 轻度肥胖 "
          set Image1 ▾ . Picture ▾ to  " sad.jpg "
    else if  get global BMI ▾ ≥ 27  and  get global BMI ▾ < 30
    then  set Judge ▾ . Text ▾ to  " 轻度肥胖 "
          set Image1 ▾ . Picture ▾ to  " sad.jpg "
    else if  get global BMI ▾ ≥ 30  and  get global BMI ▾ < 35
    then  set Judge ▾ . Text ▾ to  " 中度肥胖 "
          set Image1 ▾ . Picture ▾ to  " sad.jpg "
    else if  get global BMI ▾ ≥ 35
    then  set Judge ▾ . Text ▾ to  " 重度肥胖 "
          set Image1 ▾ . Picture ▾ to  " sad.jpg "
    else  set Judge ▾ . Text ▾ to  " 请重新输入大于0的值 "
```

图 3-22　选择结构

3.3　制作一个乐高搭建 App

案例 3.2　建立一个漫画 App

 任务描述

建立一个可以在手机上进行阅读的漫画 App。

在设计模型时,需要查找一些资料,寻找灵感,有了好的想法也需要与人分享,App 正是一个很方便的交流方式,可将搭建的过程用漫画书的方式显示出来,这样就可以让更多的人欣赏到我们的作品。

此设计实现的功能如表 3-4 所示。

表 3-4　运行效果

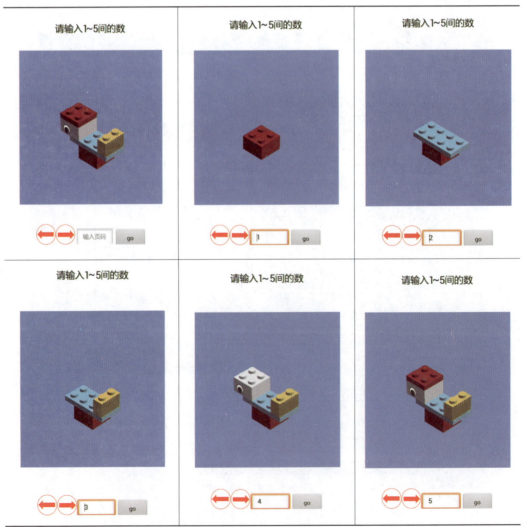

应用程序运行时，显示第一页。此时上一页按钮无法单击。

单击"下一页"按钮时显示下一页图片。单击"上一页"按钮时显示上一页图片，到达最后一页，"下一页"按钮无法单击，提示已经到最后页。

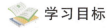 **学习目标**

- 全局变量的使用。
- 组件的属性、事件和方法。
- Image1、Notifier、HorizontalArrangement 等组件的使用。
- 学习 if...then...else 流程控制。

步骤 1　UI 设计。将所需要的图片命名为 0. jpg、1. jpg、2. jpg、⋯通过 Media 上传，用乐高搭建 App 设计，如图 3-23 所示。

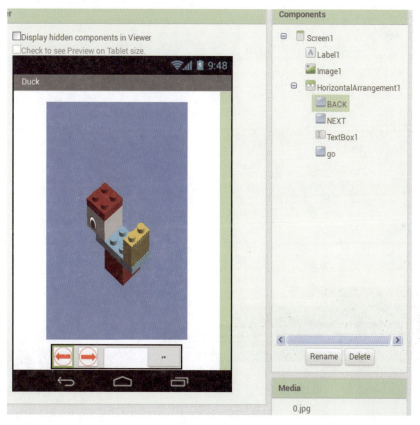

图 3-23　UI 设计

步骤 2　向浏览界面中加入按钮和图片，设置如表 3-5 所示。

步骤 3　在模块编辑窗口中编辑程序。

（1）屏幕初始化，因为程序开启时没有返回页，所以设置 BACK 按钮为不可用，如图 3-24 所示。

表 3-5　属性设置

组　件	所属组别	命　名	作　用	属 性 设 置
Screen		Screen1	屏幕	AlignHorizontal：Center AlignVertical：Center AppName：AI2_LEGO Icon：6.jpg Title：Duck
Label	User Interface	Label1	标签	Text："　"
Button	User Interface	BACK	按键	Text："　" Height：30 pixels Width：30 pixels Image：back.jpg
Button	User Interface	NEXT	按键	Text："　" Height：30 pixels Width：30 pixels Image：nest.jpg
Button	User Interface	go	按键	FontSize：12 Text："go" Height：30 pixels Width：50 pixels
TextBox	User Interface	TextBox1	输入框	Hint：输入页码 Height：30 pixels Width：60 pixels Text："　"
Image	User Interface	Image1	显示图片	Picture：1.jpg
Notifier1	User Interface	Notifier1	提示	

（2）定义全局变量，如图 3-25 所示。

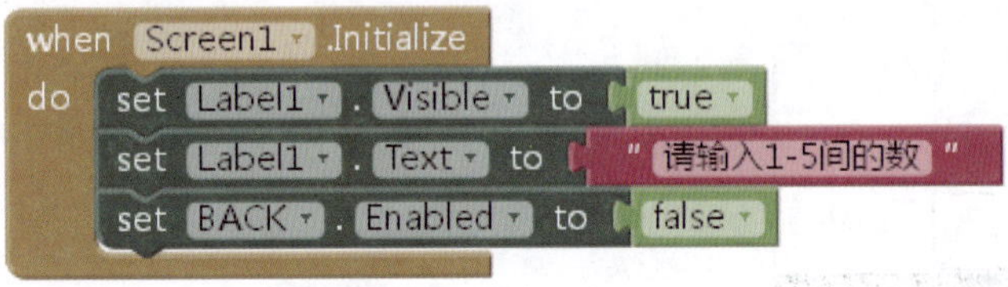

图 3-24　屏幕初始化

图 3-25　定义全局变量

（3）"下一页"按钮事件，如图 3-26 所示。

① 全局变量加 1，调用相应图片并显示。

② 设置返回按钮可用。

③ 如果全局变量为 5（已到最后一页），设置"下一页"按钮不可用，同时提示"已到最后一页"；否则"下一页"按钮可用。

④ 在图文框中显示页码。

（4）"上一页"按钮事件与"下一页"按钮类似，如图 3-27 所示。

```
when NEXT ▾ .Click
do  set Label1 ▾ . Visible ▾ to ▐ true ▾
    set global Number ▾ to ▐ ⊞ ▐ get global Number ▾ + 1
    set Image1 ▾ . Picture ▾ to ▐ ⊞ join ▐ get global Number ▾
                                          " .jpg "
    set BACK ▾ . Enabled ▾ to ▐ true ▾
    ⊞ if     get global Number ▾ = ▾ 5
    then  set NEXT ▾ . Enabled ▾ to ▐ false ▾
          call Notifier1 ▾ .ShowAlert
                                notice " 已到最后一页 "
    else  set NEXT ▾ . Enabled ▾ to ▐ true ▾
    set TextBox1 ▾ . Text ▾ to ▐ get global Number ▾
```

图 3-26　"下一页"按钮指令

```
when BACK ▾ .Click
do  set Label1 ▾ . Visible ▾ to ▐ true ▾
    set global Number ▾ to ▐ get global Number ▾ - 1
    set Image1 ▾ . Picture ▾ to ▐ ⊞ join ▐ get global Number ▾
                                           " .jpg "
    set NEXT ▾ . Enabled ▾ to ▐ true ▾
    ⊞ if     get global Number ▾ = ▾ 1
    then  set BACK ▾ . Enabled ▾ to ▐ false ▾
          call Notifier1 ▾ .ShowAlert
                                notice " 已到第一页 "
          set BACK ▾ . Enabled ▾ to ▐ false ▾
    else  set BACK ▾ . Enabled ▾ to ▐ true ▾
    set TextBox1 ▾ . Text ▾ to ▐ get global Number ▾
```

图 3-27　"上一页"按钮指令

（5）直接输入页码按钮事件，如图 3-28 所示。

```
when go ▾ .Click
do  set Label1 ▾ . Visible ▾ to ▐ false ▾
    set global Number ▾ to ▐ TextBox1 ▾ . Text ▾
    ⊞ if     get global Number ▾ > ▾ 0 and ▾ get global Number ▾ ≤ ▾ 5
    then  set Image1 ▾ . Picture ▾ to ▐ ⊞ join ▐ get global Number ▾
                                                " .jpg "
    else  set Label1 ▾ . Visible ▾ to ▐ true ▾
          set Label1 ▾ . Text ▾ to ▐ " 请输入1-5间的数 "
    set TextBox1 ▾ . Text ▾ to ▐ get global Number ▾
```

图 3-28　输入页码按钮指令

可以在手机上进行测试,观察效果。

 **3.4 排 序**

案例 3.3 排序问题

任务描述

将一组无序数据按照指定的规律进行重新排列。

排序(Sorting)是计算机程序设计中的一个重要操作,它的功能是将一个数据元素(或记录)的任意序列重新排列成一个关键字有序的序列。排序的方法有多种,如选择排序、冒泡排序、归并排序等,这里选择一个最常用的算法,从列表中第一个元素开始与后面的元素进行比较,如果第一个元素大于后面的一个元素,则两个元素交换,进而再由第二个元素与后面的第三个元素比较,依次循环,直到全部完成。

学习目标

- 学习如何建立一个列表并获得其中任何一个数据。
- 学习循环嵌套的使用。

步骤 1 UI 设计如图 3-29 所示。

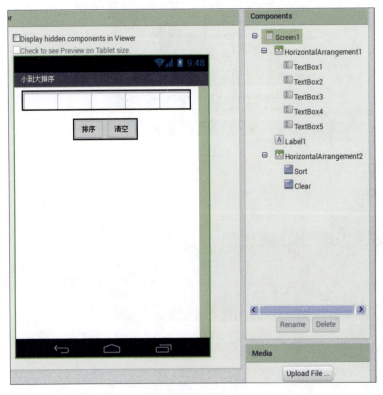

图 3-29 UI 设计

步骤 2 向浏览区中加入按钮和图片,设置如表 3-6 所示。

表 3-6 属性设置

组 件	所属组别	命 名	作用	属性设置
HorizontalArrangement	Layout	HorizontalArrangement1	布局	HorizontalArrangement
TextBox	User Interface	TextBox1	输入数值	Width:60 pixels
TextBox	User Interface	TextBox2	输入数值	Width:60 pixels
TextBox	User Interface	TextBox3	输入数值	Width:60 pixels
TextBox	User Interface	TextBox4	输入数值	Width:60 pixels
TextBox	User Interface	TextBox5	输入数值	Width:60 pixels
Label	User Interface	Label1	显示	Text:" "
HorizontalArrangement	Layout	HorizontalArrangement1	布局	HorizontalArrangement
Button	User Interface	Sort	按钮	Text:"排序"
Button	User Interface	Sort	按钮	Text:"清空"

思路如下。

任一数列

$$a1、a2、a3、a4、a5$$

(1) 将 a1 与 a2 相比较,如果 a1>a2,则 a1 与 a2 对换。

(2) 将 a1 与 a3 相比较,如果 a1>a3,则 a1 与 a3 对换。

⋮

直到 a1 是列表中最小的数。

(3) a2 与 a3 相比较,如果 a2>a3,则 a2 与 a3 对换;依次比较,直到 a2 是列表中排序第二小数。

步骤 3 编写程序。

(1) 建立一个全局变量,如图 3-30 所示。

initialize global **A** to ▣ create empty list

图 3-30 将一空列表存入全局变量 A

(2) 将输入 TextBox1、TextBox2、TextBox3、TextBox4、TextBox5 的数值赋值给列表(变量 A)。

(3) 在 Label1 中显示列表。

(4) 有限循环,变量 a 从 1 到 5(5 是列表长度)。

（5）嵌套有限循环，变量 b 从 a+1 到 5（5 是列表长度）。

（6）比较数据，如果前面数据大于后面数据，则交换。

（7）在标签中折行显示，如图 3-31 所示。

图 3-31　显示全部运行结果

（8）排序模块程序如图 3-32 所示。

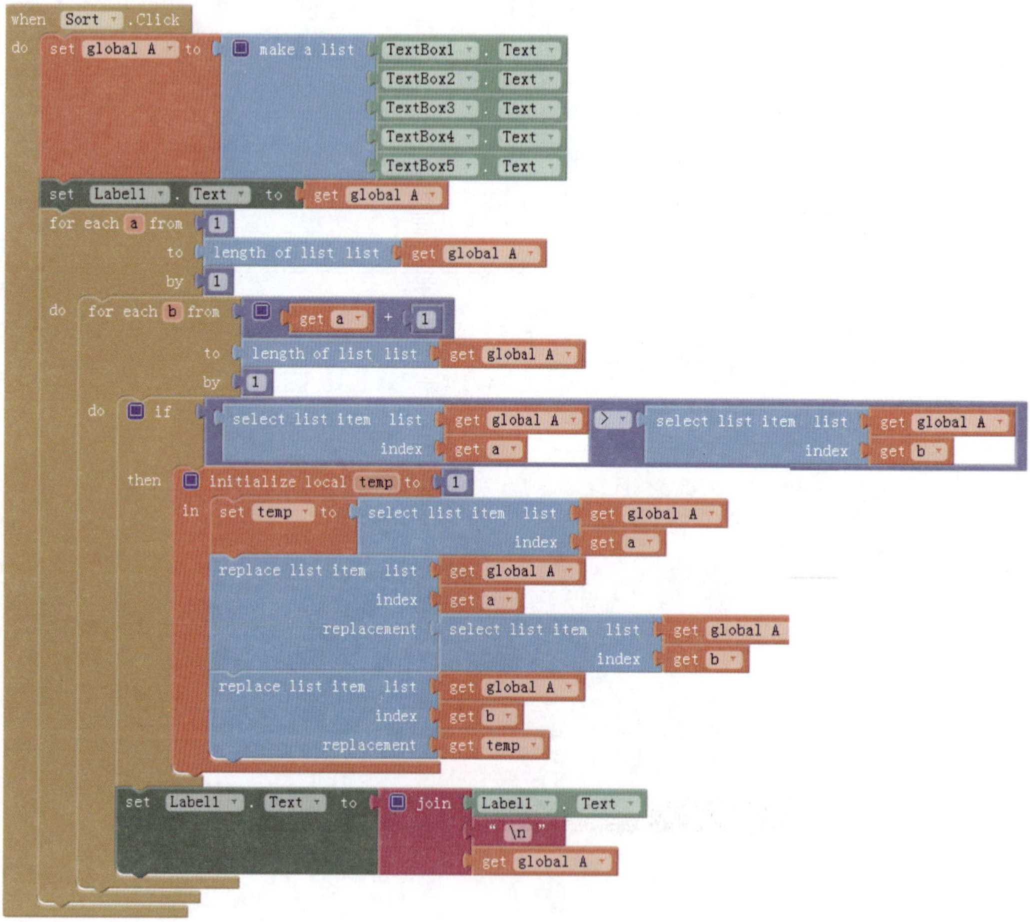

图 3-32　排序模块程序

（9）清空按钮程序如图 3-33 所示。

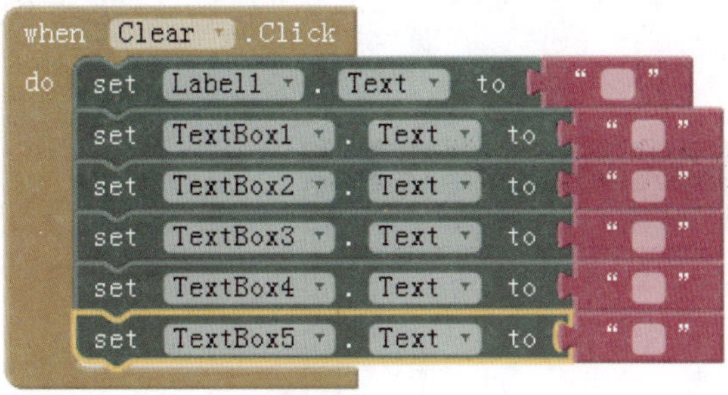

图 3-33　清空按钮程序

3.5　万　花　筒

案例 3.4　随机函数的应用

任务描述

不确定的结果往往更让人们充满好奇,这就像同学们都很喜欢的万花筒游戏,我们无法预测下一个画面是什么样的,在游戏中如何表现"可能的结果"呢,这就要用到随机数模块了,今天就要在屏幕上制作一个不断变幻的图案。

学习目标

- 学习 Canvas、Slider、Clock 模块的使用。
- 学习建立自定义过程并调用。
- 学习随机函数模块、求整模块的使用。
- 学习 Layout 模块和屏幕布局设计。

步骤 1　UI 设计如图 3-34 所示。
步骤 2　向浏览区中加入组件,如表 3-7 所示。

表 3-7　属性设置

组　　件	所属组别	命　　名	作　用	属 性 设 置
Canvas	User Interface	Canvas_1	画布	Width：Fill parent Height：Fill parent
Slider	User Interface	Slider1	输入 数值	MaxValue：30 MinValue：1
Label	User Interface	Label1	显示	Text："　"
HorizontalArrangement	Layout	HorizontalArrangement1	布局	
Button	User Interface	Button_1	按键	Text："显示"
Button	User Interface	Button_2	按键	Text："自动"
Clock	Sensors	Clock1	计时器	TimerEnabled：F

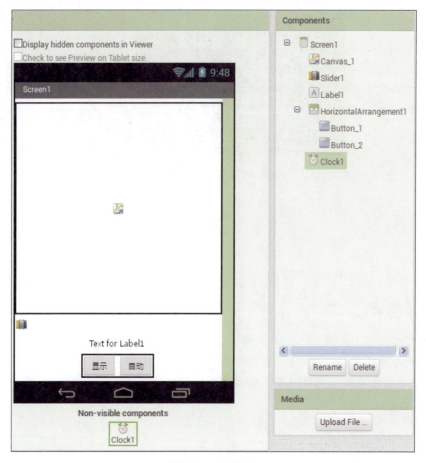

图 3-34　UI 设计

步骤 3　编写程序。

（1）在标签中显示出现圆的数量，如图 3-35 所示。

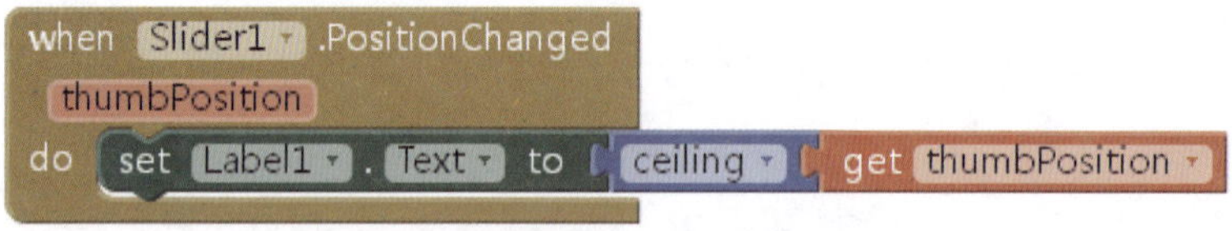

图 3-35　显示圆的数量

（2）建立一个判断是否填充的变量，如图 3-36 所示。

图 3-36　逻辑变量默认为"是"

（3）设置显示按钮指令，如图 3-37 所示。

① 清空画布，将计时器 TimerEnabled 属性设为"否"。

② 获取循环次数（画圆的个数）。
③ 设置画笔的随机颜色。
④ 通过随机数确定是否填充。
⑤ 画圆。

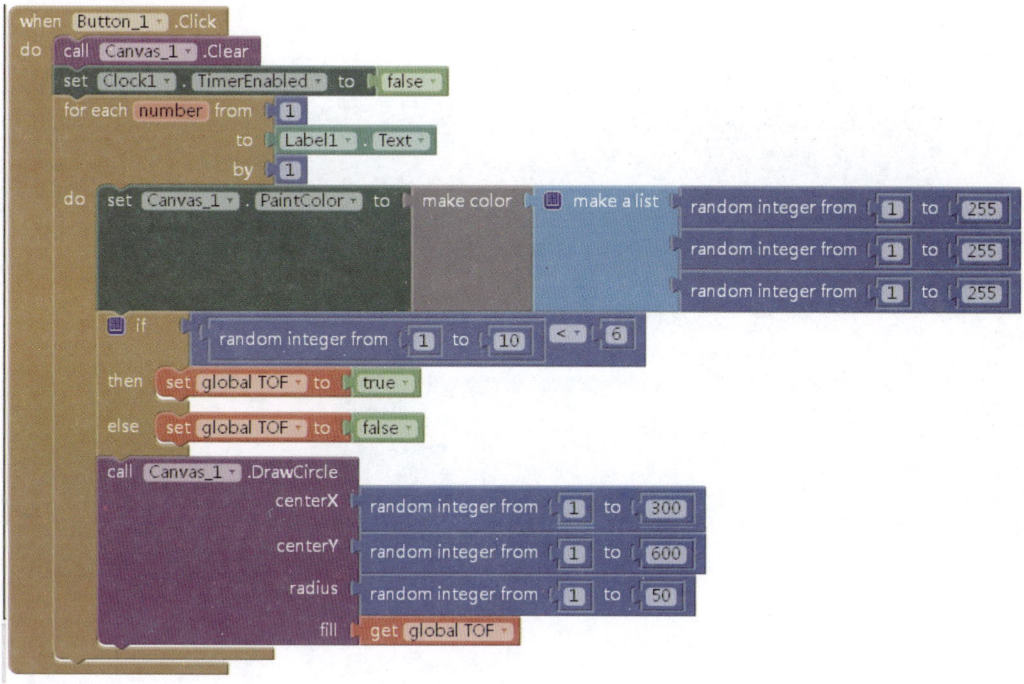

图 3-37　显示按钮指令

（4）设置自动按钮指令，按 Button_2 可以激活 Clock1，事先要设置为 F，如图 3-38 所示。

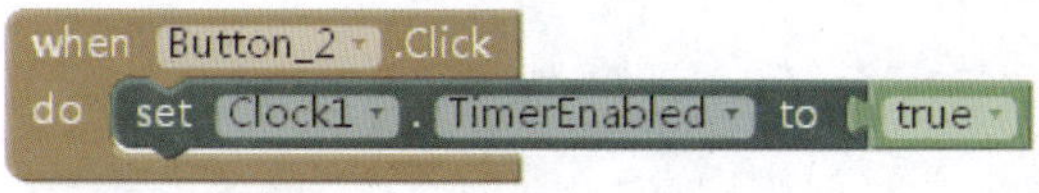

图 3-38　自动按钮指令

（5）设置计时器模块指令，与 Button_1 指令相同，只是事件由按钮变为计时器，如图 3-39 所示。

现在就可以试一下效果，与按显示按钮不同的是，自动按钮可以使图案随时间而变换。

（6）如果要将圆改成十字或其他图形，就要用到自定义过程。将绘制十字的过程定义如图 3-40 所示。

（7）过程调用，修改计时器模块指令，如图 3-41 所示。

31

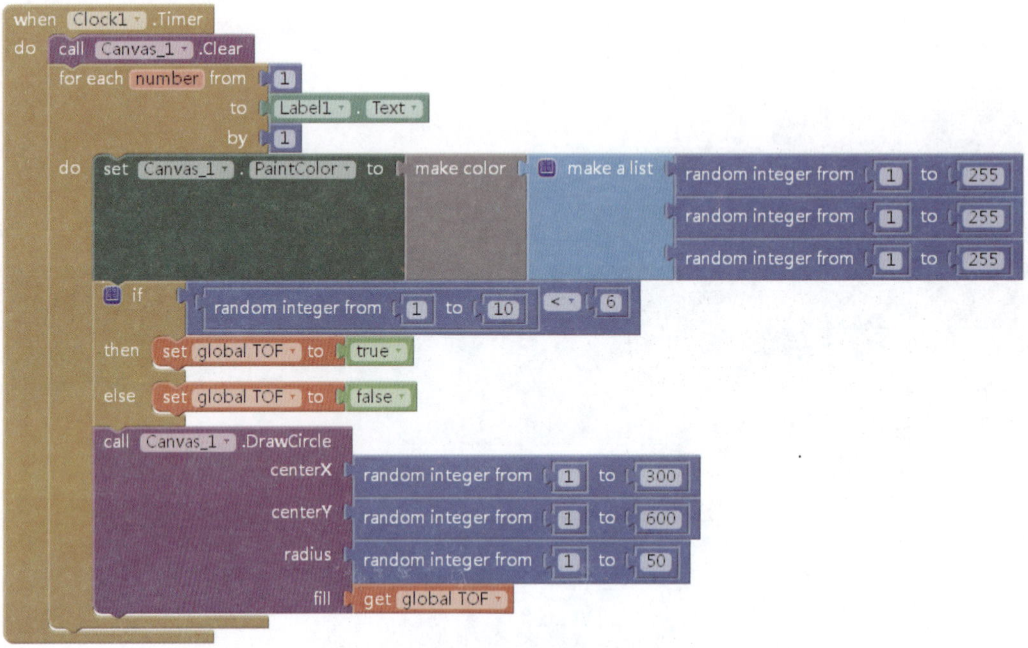

图 3-39　计时器模块指令

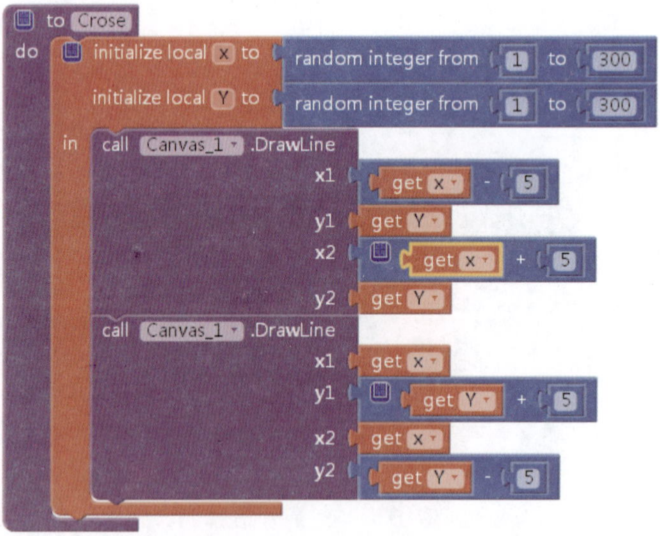

图 3-40　绘制十字过程定义

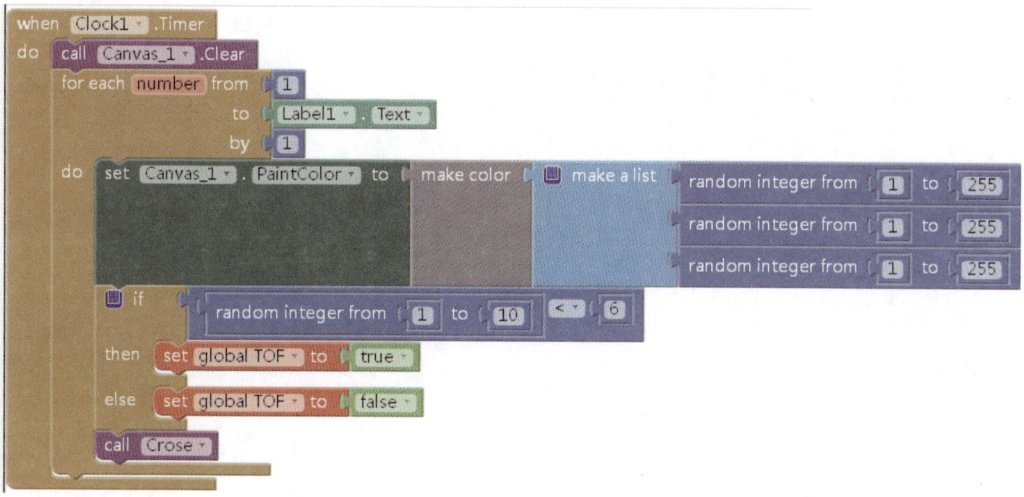

图 3-41　计时器模块指令

3.6　绘制数学曲线

案例 3.5　绘制图形

任务描述

在手机屏幕上不仅可以显示文字、图片，而且还可以显示表格和各种曲线，本节中将学习如何绘制一个 Lissajous 曲线。Lissajous 曲线是在屏幕上沿水平与垂直方向分别输入正弦波时所绘制的图形。可以借此了解两个相互垂直的正弦波的频率关系。

学习目标

- 学习数学模块的使用。
- 学习逻辑判断模块的使用。
- 学习在屏幕上绘制曲线。

X 和 Y 分别为

$$X(\theta) = a\sin(p\theta)$$
$$Y(\theta) = b\sin(q\theta + \phi)$$

可以借此了解两个相互垂直的正弦波的频率关系。

步骤 1　UI 设计如图 3-42 所示。

步骤 2　向浏览区加入所用组件，设置如表 3-8 所示。

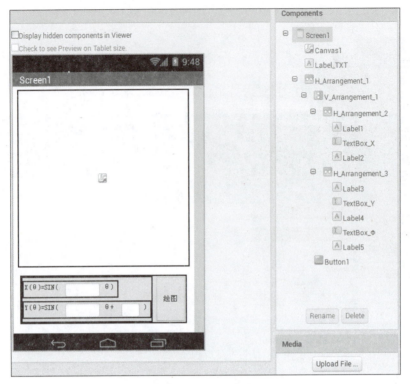

图 3-42　UI 设计

表 3-8　属性设置

组　件	所属组别	命　名	作　用	属性设置
Canvas	User Interface	Canvas1	画布	Height：400 pixels Width：300 pixels
Label	User Interface	Label_TXT	显示	Text：" "
HorizontalArrangement	Layout	H_Arrangement_1	布局	
VerticalArrangement	Layout	V_Arrangement_1	布局	
HorizontalArrangement	Layout	H_Arrangement_2	布局	
HorizontalArrangement	Layout	H_Arrangement_3	布局	
Label	User Interface	Label1	显示	Text："X(θ)＝SIN("
TextBox	User Interface	TextBox_X	输入数字	Hint：请输入数字： Text：" "
Label	User Interface	Label2	显示	Text："θ) "
Label	User Interface	Label3	显示	Text："Y(θ)＝SIN("
TextBox	User Interface	TextBox_Y	输入数字	Hint：请输入数字： Text：" "
Label	User Interface	Label4	显示	Text："θ＋"
TextBox	User Interface	TextBox_Φ	输入数字	Hint：请输入数字： Text：" "
Label	User Interface	Label5	显示	)
Button	User Interface	Button1	按钮	Text："绘图"

步骤 3　在模块编辑窗口中编辑程序。

（1）检查输入文本框的是否为数字，如果不是数字，标签提示"请输入数字"。

（2）清空画布。

（3）有限循环 N 从 1 到 150，每次增加 0.1。

（4）X 取值为：$X(\text{theda}) = 150 + a\sin(p * \text{theda})$；（$X$、$Y$ 坐标原点改为 $(150, -150)$）。

（5）Y 取值为：$Y(\text{theda}) = 150 - b\sin(q * \text{theda} + \phi)$；（$X$、$Y$ 坐标原点改为 $(150, -150)$）。

（6）绘制 (X, Y) 点。

（7）循环。

程序如图 3-43 所示。

效果如表 3-9 所示。

表 3-9　不同频率时的效果

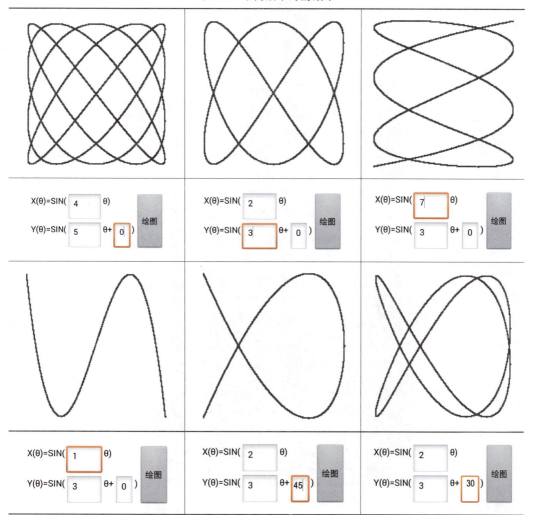

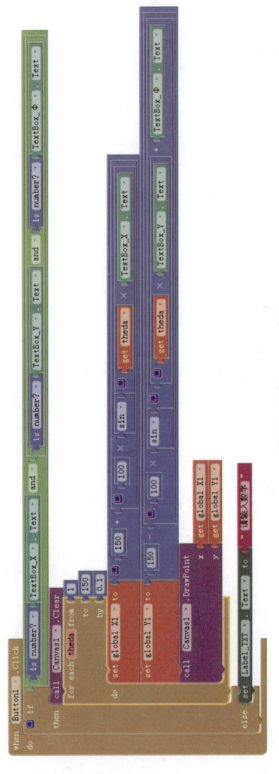

图 3-43　绘制 Lissajous 曲线

通过调整两个波的频率,可以见到不同的曲线,也可以分析图像,了解两个相互垂直的正弦波的频率关系。

3.7 问题测试

案例 3.6 交互过程

 任务描述

在手机上可以通过 App 完成一些课程的学习,这时不仅需要程序演示教学过程,而且需要通过回答问题来实现互动和测试。本案例中将制作一个测试程序,通过用户回答问题,获得回答是否正确的反馈。

学习目标

• 定义列表变量:用来存储问题和答案。
• 使用索引遍历列表,用户每次单击"下一题"按钮时显示下一个问题。
• 使用条件语句(if)控制行为:只有在特定条件下才能执行某些操作。

步骤 1 在 Media 中上传事先准备的问题图片 1.jpg、2.jpg、3.jpg、4.jpg,UI 设计如图 3-44 所示。

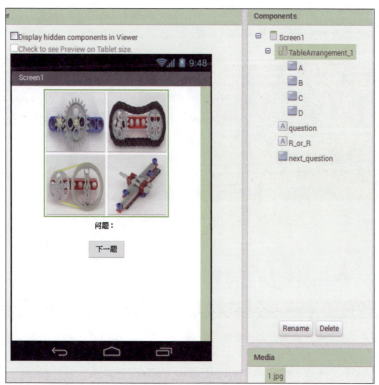

图 3-44 UI 设计

步骤 2　向浏览区中加入组件,设置如表 3-10 所示。

表 3-10　属性设置

组　件	所属组别	命　名	作用	属 性 设 置
TableArrangement	Layout	TableArrangement_1	画布	Columns：2 Rows：2
Button	User Interface	A	按钮	Height：100 pixels Width：100 pixels Image：1. jpg
Button	User Interface	B	按钮	Height：100 pixels Width：100 pixels Image：2. jpg
Button	User Interface	C	按钮	Height：100 pixels Width：100 pixels Image：3. jpg
Button	User Interface	D	按钮	Height：100 pixels Width：100 pixels Image：4. jpg
Label	User Interface	question	显示	Text："问题："
Label	User Interface	R_or_R	显示	Text："　"
Button	User Interface	next_question	按钮	Text："下一题"

步骤 3　在模块编辑窗口中编辑程序。

(1) 建立问题及答案列表,如图 3-45 所示。

图 3-45　建立问题及答案列表

(2) 创建索引,如图 3-46 所示。

(3) 建立全局变量 A,如图 3-47 所示。

图 3-46　建立用于索引的全局变量　　　　图 3-47　建立全局变量 A

(4) 在应用启动时选择 questionlist 中的第一道题,如图 3-48 所示。

(5) 选择下一题按钮指令,如图 3-49 所示。

```
when  Screen1 .Initialize
do    set  question . Text  to    select list item list    get global questionlist
                                                 index    1
```

图 3-48 应用启动时加载第一题

```
when  next_question .Click
do    set global questionindex  to      get global questionindex  + 1
      if    get global questionindex  >  length of list list    get global questionlist
      then  set global questionindex  to  1
      set  question . Text  to    select list item list    get global questionlist
                                             index    get global questionindex
      set  R_or_R . Text  to    " "
```

图 3-49 选择下一题指令

第一行的块让变量 questionindex 递增。questionindex 值增加,相应会显示下一个问题。因为只有 4 个问题,如果增加到了 questionindex＞4,程序将会出现"索引越界"错误,为避免这一情况,当 questionindex＞questionlist 长度时,设置 questionindex＝1。返回第一题。

（6）回答选择。当单击不同按钮时,将不同的值赋予变量,通过与 answerlist 比较就可以判断正确与否,如图 3-50～图 3-53 所示。

```
when  A .TouchDown
do    set global A  to   " A "
      if    get global A  =  select list item list    get global answerlist
                                         index    get global questionindex
      then  set  R_or_R . Text  to    " 正确 "
      else  set  R_or_R . Text  to    " 错了 "
```

图 3-50 选择并判断正误一

```
when  B .TouchDown
do    set global A  to   " B "
      if    get global A  =  select list item list    get global answerlist
                                         index    get global questionindex
      then  set  R_or_R . Text  to    " 正确 "
      else  set  R_or_R . Text  to    " 错了 "
```

图 3-51 选择并判断正误二

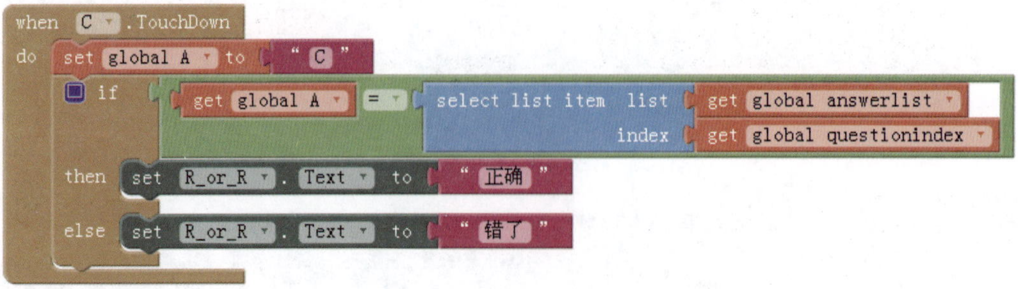

图 3-52　选择并判断正误三

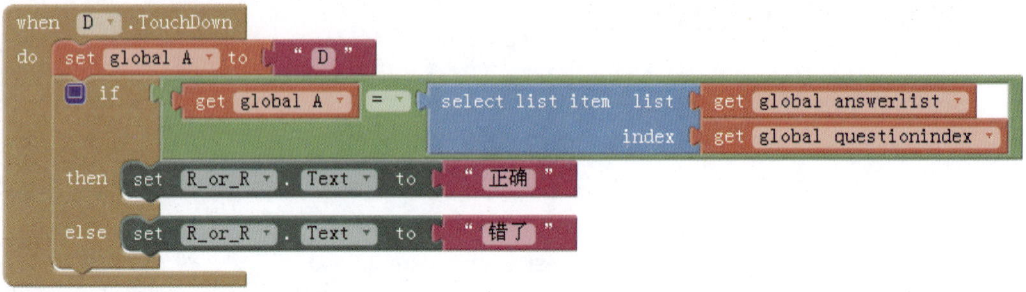

图 3-53　选择并判断正误四

3.8　注册与密码访问

案例 3.7　注册与密码验证问题

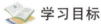 任务描述

读者一定熟悉有些网站会要求用户进行注册,只有注册并设置密码后才可进行访问,在本案例中就设置一个要求用户注册的程序,只有设置并输入正确的密码后才可使用。

学习目标

- 学习 TinyDB 用来存储信息。
- 学习如何增加 Screen,并在不同 Screen 间进行变换。

步骤 1　UI 设计如图 3-54 所示。
步骤 2　向浏览区加入所需组件,设置如表 3-11 所示。
步骤 3　增加一个 Screen,命名为 Screen2,如图 3-55 所示。
步骤 4　向浏览区中加入按钮,设置如表 3-12 所示。

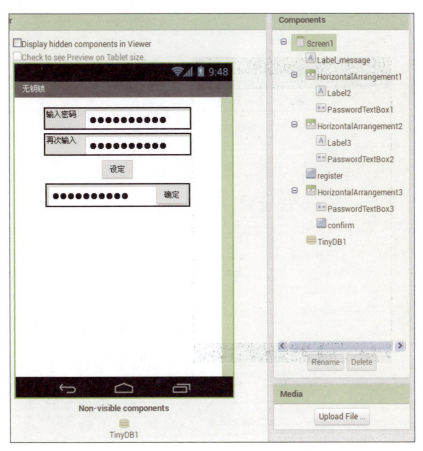

图 3-54　UI 设计

表 3-11　属性设置

组　　件	所属组别	命　　名	作　用	属性设置
Label	User Interface	Label_message	标签	Text："　"
HorizontalArrangement	Layout	HorizontalArrangement1	布局	
Label	User Interface	Label2	标签	Text："输入密码"
PasswordTextBox	User Interface	PasswordTextBox1	密码输入	
HorizontalArrangement	Layout	HorizontalArrangement2	布局	
Label	User Interface	Label3	标签	Text："再次输入"
PasswordTextBox	User Interface	PasswordTextBox2	显示	
Button	User Interface	register	按钮	Text："设定"
HorizontalArrangement	User Interface	HorizontalArrangement3	布局	
PasswordTextBox	User Interface	PasswordTextBox3	密码输入	
Button	User Interface	confirm	按钮	Text："确定"
TinyDB	Storage	TinyDB1	存储数据	

图 3-55　增加一个 Screen

表 3-12　属性设置

组　件	所属组别	命　名	作　用	属 性 设 置
Button	User Interface	EXIT	按钮	Text：“退出”

步骤 5　编写程序。

本案例中用到了 TinyDB，TinyDB 是 App Inventor 提供的一个小型数据库组件，可以用来永久存储信息，数据在程序中如果用变量存储，一旦程序退出后，这些数据就不复存在，而数据库中的信息是保存在手机的存储器中的，可以永久保存，TinyDB 基于 NVP（Name-Value Pair，标签-值对）模式一一对应。相同的标签，新的数据将代替旧的数据。建立变量，如图 3-56 所示。

图 3-56　建立变量

（1）注册按钮指令。

① 判断两次输入密码是否相同，如果相同则存入 TinyDB。

② 显示信息“已经保存”。

③ 为了避免误操作，一旦成功注册了密码，则原设定密码的输入框和按钮状态处于“不可用”。

④ 如果两次输入不同，则显示“两次输入不同，请重新输入”。

指令如图 3-57 所示。

图 3-57　注册按钮指令

（2）程序启动指令。

① 加载 Screen1 时调用 TinyDB，并且判断是否已经注册过（TinyDB 中是否有数据），如果已经注册过，则设置部分，输入密码、确认密码以及注册按钮都不可用；否则随时可以重置密码，则失去了密码本应具有的作用。

② 如果没有经过注册，最后一条指令可以保证输入密码按钮不可用。

指令如图 3-58 所示。

图 3-58　程序启动指令

（3）确认按钮指令。

如果已经注册过（A＞0），则重启 App 后可以输入密码；如果与以前设置一样，则进入 Screen2 屏幕。

指令如图 3-59 所示。

（4）Screen2 编程。

无论在这一屏幕上进行什么操作，退出这一屏幕时都要选择指令如下；否则并没有真正关闭这一屏幕，而是返回了 Screen 界面，这样如果使用手机的返回键，仍会退回到

Screen2，如图 3-60 所示。

图 3-59　确认按钮指令

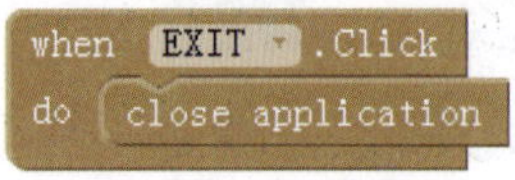

图 3-60　关闭 Screen2

在 Screen2 这一屏幕上，可以进行一些很重要的编程，如下一节中对机器人的操作都可以在这里进行，注册密码，并通过密码确认进行一些重要的操作，这在实际工作中是经常用到的。

3.9　旅　行　记　录

案例 3.8　存储数据的方式

任务描述

使用 TinyDB 可以将数据记录在手机中，这对于将手机作为一个信息采集工具是十分有用的，本案例中，将采集数据并且进行存储，使用手机中的位置传感器记录我们旅行的过程。

位置传感器（LocationSensor）可以通过 GPS 获得手机的位置信息，它包括经纬度和高度，因此这是一个户外运动中很有用的传感器，要使用这一传感器时，要事先打开 GPS 定位系统和网络，并将手机置于户外。

学习目标

- 学习 TinyDB 用来存储多组信息。
- 位置传感器的使用和数据显示。
- ListView1 模块的使用。
- 时间模块的使用。

步骤 1　UI 设计如图 3-61 所示。
步骤 2　向浏览界面中加入组件，如表 3-13 所示。

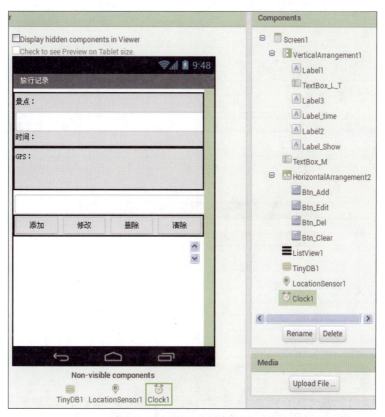

图 3-61　UI 设计

表 3-13　属性设置

组　　件	所属组别	命　　名	作　用	属 性 设 置
VerticalArrangement	Layout	VerticalArrangement1	布局	
Label	User Interface	Label1	标签	Text："景点："
TextBox	User Interface	TextBox_L_T	文本框	Text：" "
Label	User Interface	Label3	标签	Text："时间："
Label	User Interface	Label_time	标签	Text：" " FontSize：40 TextColor：绿 BackgroundColor：黑
Label	User Interface	Label2	标签	Text："GPS："
Label	User Interface	Label_Show	标签	Text：" "
TextBox	User Interface	TextBox_M	文本框	Text：" "
HorizontalArrangement	Layout	HorizontalArrangement2	布局	
Button	User Interface	Btn_Add	按键	Text："添加"
Button	User Interface	Btn_Edit	按键	Text："修改"
Button	User Interface	Btn_Del	按键	Text："删除"

续表

组 件	所属组别	命 名	作 用	属 性 设 置
Button	User Interface	Btn_Clear	按键	Text："清除"
ListView	User Interface	ListView1	列表	TextSize：56
TinyDB1	Storage	TinyDB1	存储	
LocationSensor	Sensors	LocationSensor1	检测	TimeInterval：1000
Clock	Sensors	Clock1	时间	TimeInterval：1000

步骤 3　在模块编辑窗口中编辑程序。

（1）定义全局变量，如图 3-62 所示。

图 3-62　定义全局变量

由于存储的数据是逐项存入，选用 list 保存所有数据，所以应该建立两个全局变量，一个命名为 memo，初始值为空 list，用于存储数据，一个命名为 index，用于 list 的索引。

（2）位置传感器指令，如图 3-63 所示。

图 3-63　位置传感器指令

首先为位置传感器模块编写程序，位置传感器可以反馈 3 个数据，即经度、纬度和高度，让这 3 个数据显示在标签 Label_Show 上，中间用"，"分隔。

（3）在整个程序中，将变化的数据（变量）存入数据库是一个相对独立的过程，所以将这一过程分离出来，建立一过程，如图 3-64 所示。

图 3-64　存储过程

① 设置 TinyDB 标签为 memo,值为变量(列表)。

② 将变量赋值给 ListView 显示。

③ 清空景点文本输入框以及 GPS 显示标签(Label_Show)。

④ 隐藏键盘。

(4) 当景点输入框获得焦点时,用于修改的文本框 TextBox_M 属性为不可用,并清除可能有的文本,如图 3-65 所示。

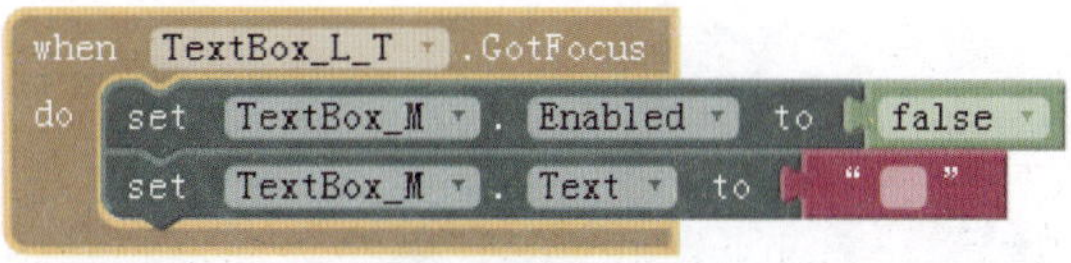

图 3-65　文本输入框获得焦点时指令

(5) 在最上面增加一条信息。由于更改变量(列表)即可实现 TinyDB 保存数据的变化,所以单击"增加"按钮将数据进行了存储,在这一列表中,每一项都包含了 3 条信息,即输入景点信息、时间信息和 GPS 信息,如图 3-66 所示。

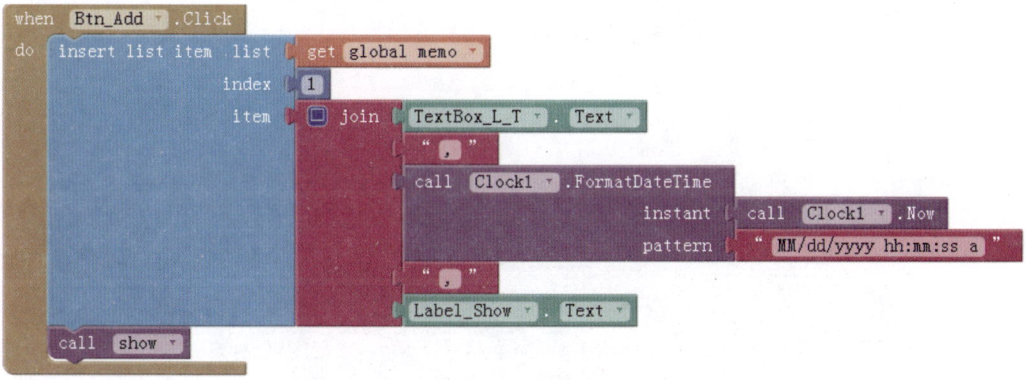

图 3-66　增加信息指令

(6) 选择 ListView1 信息,可以确定索引值,同时将 TextBox_M 属性改为"可用"并显示所选项,如图 3-67 所示。

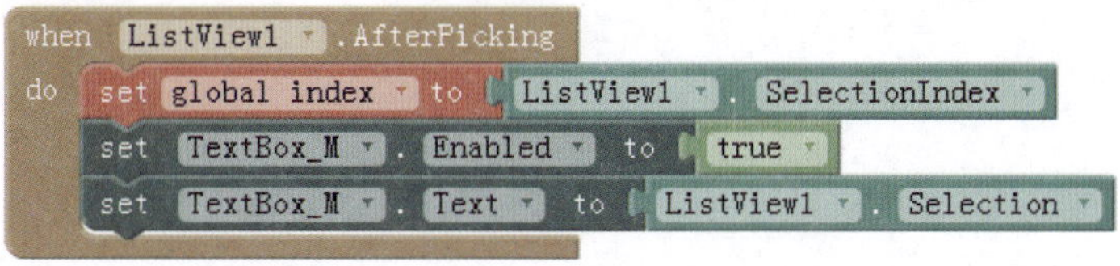

图 3-67　选择 ListView1 信息指令

(7) 编辑按钮,将 TextBox_M 中修改后的内容替换原列表中所选项,如图 3-68 所示。

(8) 清除按钮,同时清空 TinyDB、列表和 ListView1 显示,如图 3-69 所示。

(9) 删除按钮只删除选中的 ListView1 项,如图 3-70 所示。

47

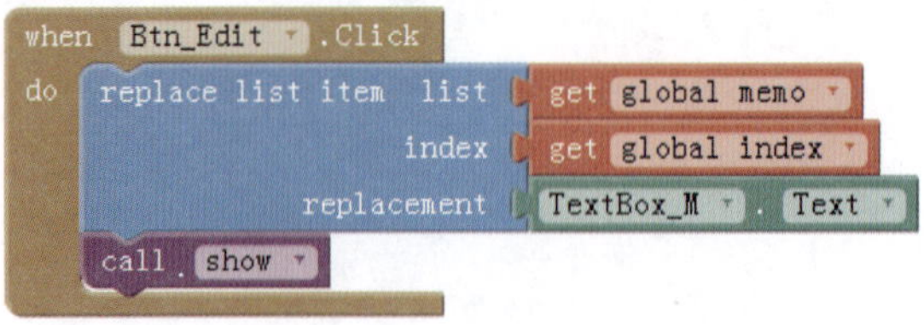

图 3-68　编辑按钮指令

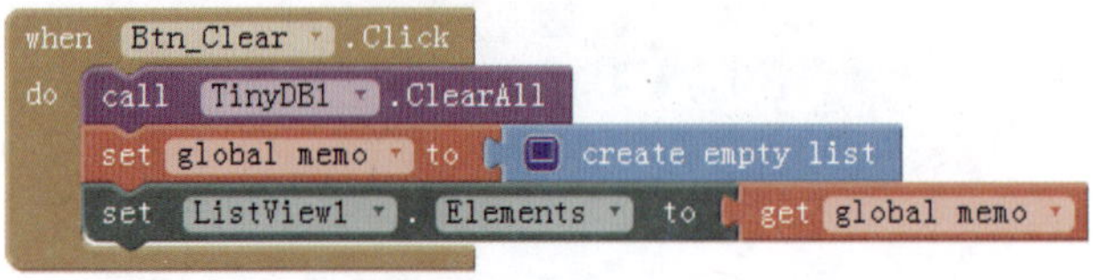

图 3-69　清除按钮指令

图 3-70　删除按钮指令

（10）重启后程序初始化，程序初始化时先要判断数据库是否为空，如果不为空就要调用数据库中的数据进行显示，如图 3-71 所示。

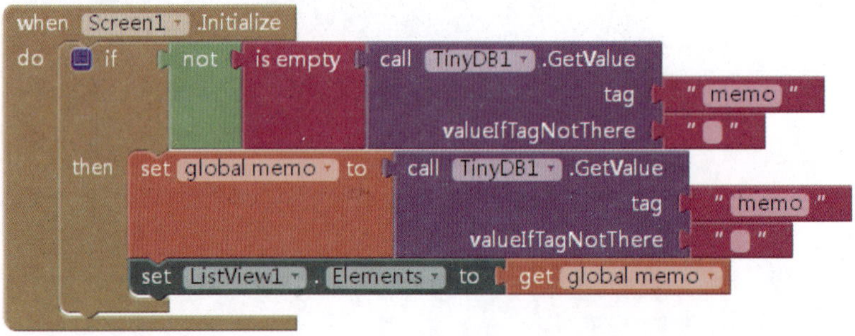

图 3-71　加载屏幕指令

（11）时间显示信息指令，希望时间在屏幕上单独显示，而不是显示年、月、日、时间，这就要将时间反馈作为一个列表，将需要的片段提取出来，如图 3-72 所示。

图 3-72　显示时间

第4章　App 与乐高机器人

App Inventor 2 提供了乐高控制模块,通过这些模块可以很方便地直接控制乐高 NXT 机器人的运动,对于新型的乐高 EV3,同样可以通过蓝牙通信的方式发出指令或是接收传感器检测的信号,手机对外接设备的控制还有很多,在本书的第 7 章还会专门进行讨论,手机与外接设备的结合不仅可以让我们拓展手机程序的应用,这也是一个智能产品发展的趋势。

4.1　控制乐高机器人

App Inventor 2 提供了乐高控制模块,通过这些模块可以直接控制乐高 NXT 机器人的运动,但却无法使用这些模块控制 EV3,考虑到乐高 EV3 已经是目前乐高应用的主流产品,本书中不再介绍针对 NXT 产品的应用,而介绍如何使用 EV3 作为本书学习的目标。通过分析可知,可以利用 App Inventor 现有的蓝牙组件,以直接指令的方式实现对 EV3 的控制。本节将制作一个控制乐高机器人的 App。

(1) 开启 EV3 控制器蓝牙设置,如图 4-1 所示。

选择"工具"→"蓝牙"菜单命令,打开蓝牙菜单,如图 4-2 所示。

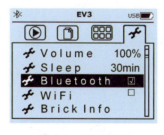

图 4-1　打开蓝牙

图 4-2　蓝牙连接

通过"可见性选择"可以将控制器设置成对其他蓝牙设备为"可见",注意最后一行的 iphone/ipad/ipod 不要选中。这样可以通过手机对周围设备查找并连接 EV3 控制器。

(2) 设置安卓手机(不同手机可能设置略有不同)。

安卓手机端开启蓝牙功能,可在"设置"→"无线和网络设置"→"蓝牙设置"→"打开蓝牙"→"扫描查找设备"中找到 EV3 的设备名称,进行配对连接备用。设备彼此发现对方后,用户将被要求在一个或两个设备中输入密码(如 1234)。输入密码后,设备将彼此验证配对,并完成建立信任连接。配对完成后对方设备将保存在系统配对名单中,可在下次进行直接连接。

EV3 直接控制指令(Direct Command)通常采用字节码串的形式,可以设想成是一系列盛有数字的格子,即

|字节 0|字节 1|字节 2|字节 3|字节 4|字节 5|…|字节 n|

其中,字节 0、1 为指令长度,字节 2、3 为消息计数器,字节 4 为指令类型(0x80 为不需返回信息的指令,如启动电动机;0x00 为需返回信息的指令,如读传感器),字节 5、6 为全局和本地变量字节数,主要用于存储返回信息等。这 7 个字节构成各类控制指令通用的头信息格式,而从字节 7 开始,则为与特定控制指令相关的字节串,与 EV3 虚拟机中的字节码定义有关,一般包括指令码、参数和返回变量等,如启动端口 A 所连接电动机的指令定义是 opOUTPUT_START,LC0(0),LC0(0x01),则相应的字节串为 A60001,其中 0xA6 为该指令对应的字节编码,0x01 为端口 A 的编码,具体的指令定义及相应的编码设定可查阅 EV3 的源码文件,在此不再赘述。

参照 EV3 通信协议、字节码说明及编码规范,可以将 EV3 的底层控制指令封装为 App Inventor 应用内的相关过程(Procedures),如对应于电动机控制、传感器数据采集等,然后根据不同的功能要求,在相关的事件中进行组合调用。

案例 4.1 控制机器人的运动

任务描述

通过手机屏幕上的按钮控制 EV3 前进、后退、左转、右转。

学习目标

- 学习如何通过蓝牙通信方式将手机与乐高 EV3 进行连接。
- 学习如何设置机器人运动过程。
- 了解 EV3 直接控制指令所采用字节码串的形式。

步骤 1　UI 设计如图 4-3 所示。

步骤 2　向浏览界面中加入控件,设置如表 4-1 所示。

表 4-1　属性设置

组　件	所属组别	命　名	作用	属性设置
TableArrangement	User Interface	TableArrangement1	布局	Columns:3 Rows:5
ListPicker	User Interface	ListPicker1	列表	Text:"选择机器人"
Button	User Interface	But_disconnect	按键	Text:"断开机器人"
Button	User Interface	Backward	按键	Text:"后退"
Button	User Interface	Forward	按键	Text:"前进"
Button	User Interface	Left	按键	Text:"左转"
Button	User Interface	Right	按键	Text:"右转"
BluetoothClient	User Interface	BluetoothClient1	蓝牙通信	

Display hidden components in Viewer
Check to see Preview on Tablet size.
9:48
Screen1
选择机器人
断开连接
前进
向左
向右
后退
Non-visible components
BluetoothClient1
Components
Screen1
TableArrangement1
But_disconnect
ListPicker1
Backward
Forward
Right
Left
BluetoothClient1
Rename
Delete
Media
Upload File ...

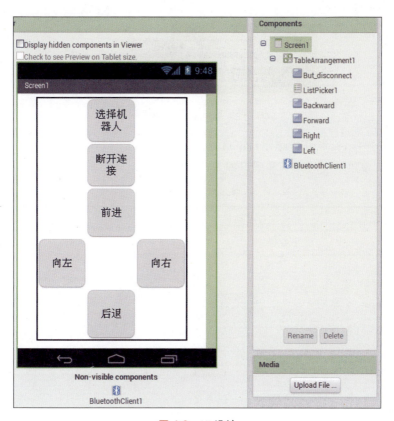

图 4-3　UI 设计

步骤 3　在模块编辑窗口中编辑程序。

（1）ListPicker1 模块指令如图 4-4 所示。

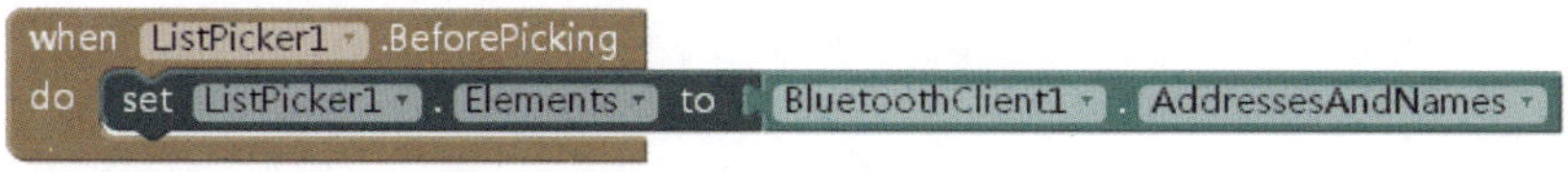

when ListPicker1 .BeforePicking
do set ListPicker1 . Elements to BluetoothClient1 . AddressesAndNames

(a) 选择配对的蓝牙设备

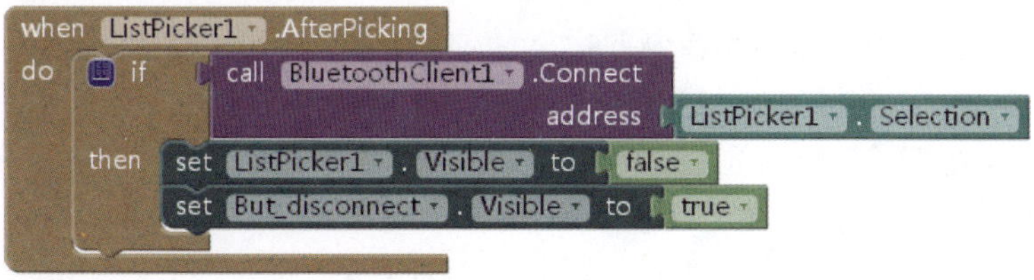

when ListPicker1 .AfterPicking
do if call BluetoothClient1 .Connect
address ListPicker1 . Selection
then set ListPicker1 . Visible to false
set But_disconnect . Visible to true

(b) 连接

图 4-4　ListPicker1 模块指令

连接 ListPicker 所列蓝牙设备后，ListPicker 将不可见，而断开连接按钮可见。以此确定连接成功。

（2）断开连接按钮指令设置如图 4-5 所示。

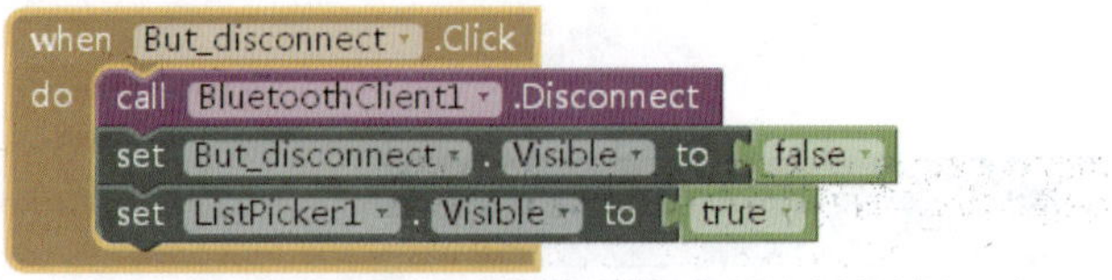

图 4-5　断开连接按钮指令

（3）断开连接，则断开连接按钮不可见，而连接 ListPicker 可见。

对于端口参数对应的数字和端口如表 4-2 所示。

表 4-2　端口参数

参数	对应端口电动机	参数	对应端口电动机
1	A	9	A+D
2	B	10	B+D
4	C	11	A+B+D
8	D	12	C+D
3	A+B	13	A+C+D
5	A+C	14	B+D
6	B+C	15	A+B+C+D
7	A+B+C		

电动机功率参数取值范围将在本章最后进行讨论。

为实现与 EV3 间的通信信息传输，需要利用 BluetoothClient 的 Send… 方法将不同指令所对应的字节码逐个发送出去，对应直接控制指令（Direct Comand），EV3 一旦收到指令即刻产生相应动作。

（4）设置过程如图 4-6 和图 4-7 所示。

（5）为各按钮设置指令。

① 前进按钮：按下与抬起分别控制向前运动或停止，如图 4-8 所示。

② 后退按钮：按下与抬起分别控制向后运动或停止，如图 4-9 所示。

③ 右转按钮：按下与抬起分别控制右转或停止，如图 4-10 所示。

④ 左转按钮：按下与抬起分别控制左转或停止，如图 4-11 所示。

当驱动单电动机转动时，一般会将过程块的 port 参数设置为对应的端口值，而当驱动多电动机时则应将 port 参数设置为多个电动机对应的端口值之和，如 BC 口电动机同时转动，则 port 值为 6，而如果还要让位于端口 A 的中型电动机也同时转动，则 port 值设置为 7 等，限于篇幅，这里只给出了 BC 口电动机同时转动的例子。

将项目另存为 ev3_directc_1，以后有关 EV3 的程序都可通过对这一程序的修改获得。

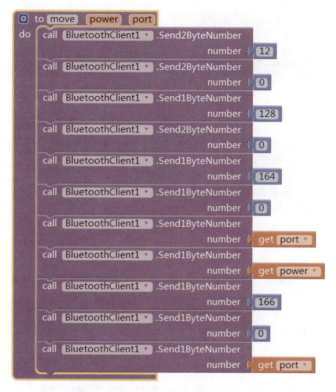

图 4-6　启动过程

图 4-7　停止过程

图 4-8　前进按钮指令

图 4-9　后退按钮指令

图 4-10　右转按钮指令

图 4-11　左转按钮指令

案例 4.2　指定机器人的运动时间 1

任务描述

通过设置机器人运行时间控制机器人。

将 ev3_directc_1 另存为 ev3_time 并打开,在本案例中将研究如何指定机器人运动时间,通过时间控制机器人的运动。为了简单起见,将只考虑机器人直线运动一种情况。

学习目标

- 学习如何通过设置机器人运动时间来控制机器人。
- 学习通过不同变量的方式来判断机器人运动状态。

步骤 1　UI 设计如图 4-12 所示。
步骤 2　向浏览区中加入控件,设置如表 4-3 所示。

图 4-12　UI 设计

表 4-3　属性设置

组　件	所属组别	命　名	作　用	属性设置
Label	User Interface	Label_time	显示	Text："0" Height：60 TextColor：green
ListPicker	User Interface	ListPicker1	列表	Text："连接蓝牙设备"
Button	User Interface	Disconnect	按键	Text："断开机器人"
TableArrangement	Layout	TableArrangement1	布局	Columns：3 Rows：2
Button	User Interface	Forward	按键	Text："前进"
Button	User Interface	Stop	按键	Text："停止"
Button	User Interface	Backward	按键	Text："后退"
Label	User Interface	Label1	提示	Text："运动时间"
TextBox	User Interface	TextBox1	输入	Text："　"
Clock	Sensors	Clock1	计时器	TimerInterval：1000 TimerEnabled：F
BluetoothClient	User Interface	BluetoothClient1	蓝牙通信	

55

步骤 3　在模块编辑窗口中编辑程序。

与机器人通过蓝牙连接、断开模块指令(略)。

(1) 建立变量,如图 4-13 所示。

initialize global N to 0
initialize global N_F_B to 1

图 4-13　建立全局变量并赋值

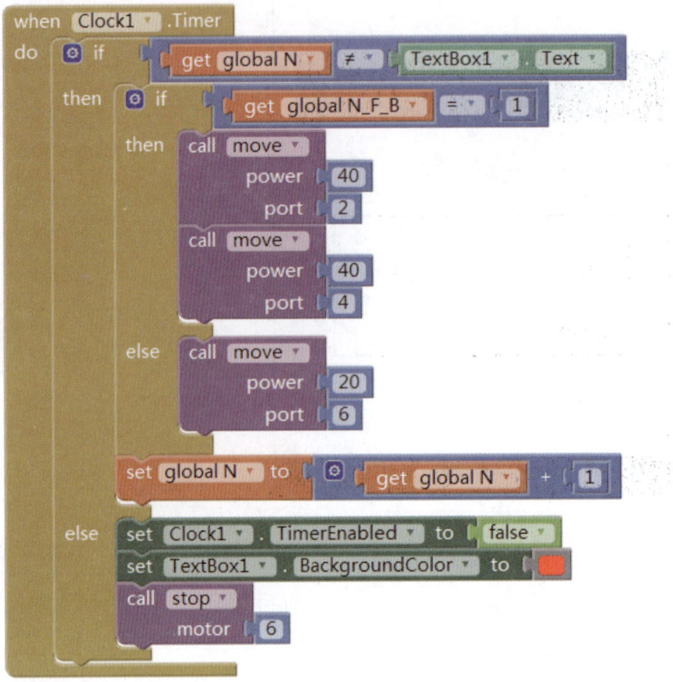

(2) 建立过程:stop 和 move 如案例 4.1。

(3) 时间指令如图 4-14 所示。

```
when Clock1 .Timer
do  if    get global N ≠ TextBox1 . Text
    then  if    get global N_F_B = 1
          then  call move
                      power 40
                      port  2
                call move
                      power 40
                      port  4
          else  call move
                      power 20
                      port  6
          set global N to    get global N + 1
    else  set Clock1 . TimerEnabled to false
          set TextBox1 . BackgroundColor to ▇
          call stop
                motor 6
```

图 4-14　时间指令

如果 N 不等于输入文本框中数字,则判断变量 N_F_B 是否等于 1;如果等于 1 则向前运动,等于 0 则向后运动,同时变量 N 加 1。由于时间 TimerInterval 为 1000,即 1 秒,因此每循环一次为 1 秒。直到等于输入的数值(时间)。

如果 N 等于输入文本框中数字,则计时器不可用,电动机停止运动,输入文本框背景取红色。

(4) 为各按钮设置指令。

① 倒退按钮:单击时,计时器可用,时间输入文本框背景为绿色,全局变量 N_F_B 赋值为 0,这一变量将用于判断运动方向,其值为 0 则表示倒退,为 1 则前进。全局变量 N 赋值为 0,如图 4-15 所示。

② 前进按钮:单击时,计时器可用,时间输入文本框背景为绿色,全局变量 N_F_B 赋值为 1,全局变量 N 赋值为 0,如图 4-16 所示。

③ 停止按钮:停止运动,同时计时器不可用,如图 4-17 所示。

读者可以试一下,如果没有输入的情况下,程序将如何运行。

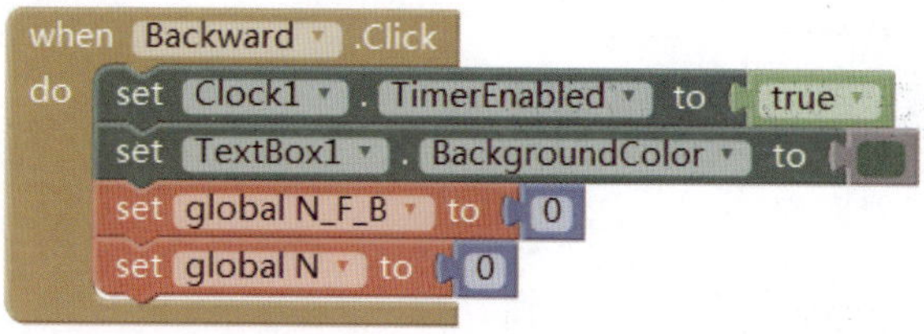

图 4-15　倒退按钮指令

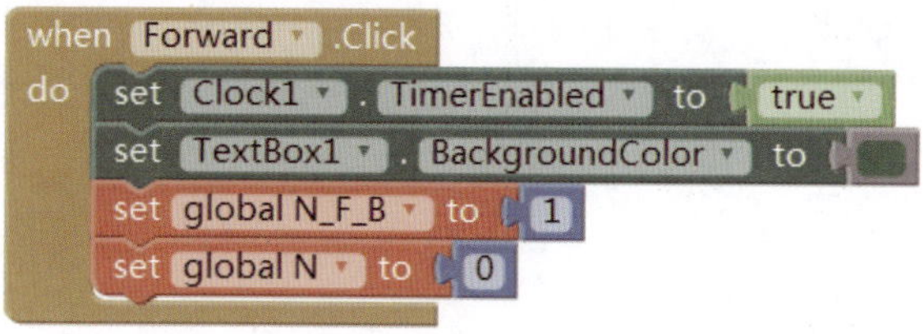

图 4-16　前进按钮指令

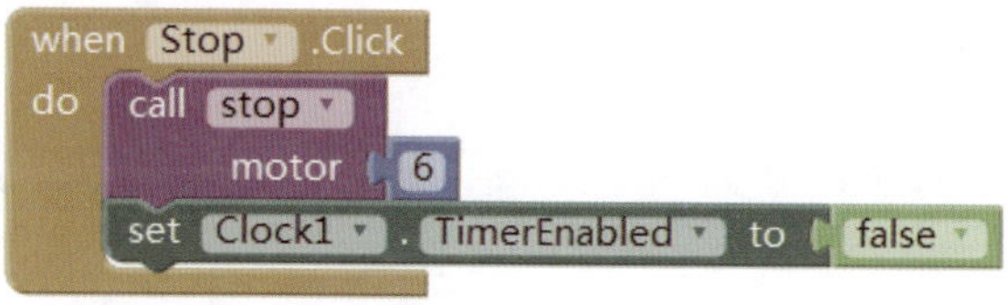

图 4-17　停止按钮指令

案例 4.3　指定机器人的运动时间 2

任务描述

通过设置机器人运行时间控制机器人运动,设计一个机器人,可以输入时间,让机器人完成前进、后退、左转、右转等动作。

学习目标

- 学习如何通过设置机器人运动时间,来控制机器人进行复杂的运动。
- 学习通过启用或停止计时器的方式控制程序的运行。

本案例与案例 4.2 并无多大的区别,但是可以用不同的设计思路和方法来实现。

步骤 1　UI 设计如图 4-18 所示。

步骤 2　向浏览区加入控件,设置如表 4-4 所示。

App Inventor 2 与机器人程序设计

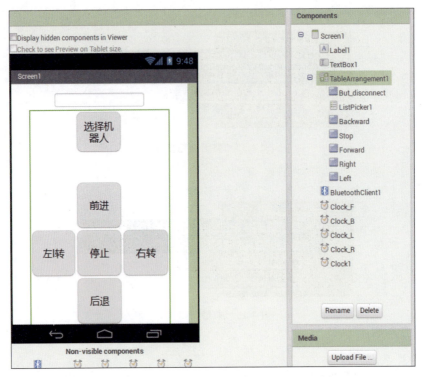

图 4-18　UI 设计

表 4-4　属性设置

组　件	所属组别	命　名	作　用	属 性 设 置
Label	User Interface	Label1	显示运行时间	Text："　"
TextBox	User Interface	TextBox1		Text："　" Hint："请输入时间"
ListPicker	User Interface	ListPicker1	列表	Text："选择机器人"
Button	User Interface	But_disconnect	按键	Text："断开连接" Visible：F
TableArrangement	Layout	TableArrangement1	布局	Columns：3 Rows：5
Button	User Interface	Forward	按键	Text："前进"
Button	User Interface	Stop	按键	Text："停止"
Button	User Interface	Backward	按键	Text："后退"
Button	User Interface	Left	按键	Text："向左"
Button	User Interface	Right	按键	Text："向右"
Clock	Sensors	Clock_F	计时器	TimerInterval：1000 TimerEnabled：F
Clock	Sensors	Clock_B	计时器	TimerInterval：1000 TimerEnabled：F

58

组　　件	所属组别	命　　名	作　用	属 性 设 置
Clock	Sensors	Clock_L	计时器	TimerInterval：1000 TimerEnabled：F
Clock	Sensors	Clock_R	计时器	TimerInterval：1000 TimerEnabled：F
BluetoothClient	User Interface	BluetoothClient1	蓝牙通信	

步骤 3　在模块编辑窗口中编辑程序。

与机器人通过蓝牙连接、断开模块指令(略)。

(1) 建立变量,如图 4-19 所示。

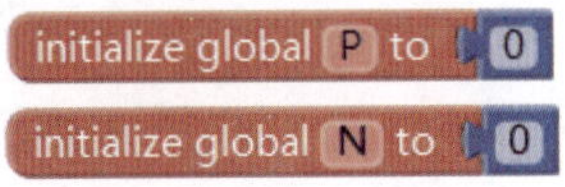

(2) 为各按钮设置指令。

① 计时器 Clock_F：当变量 N 不等于文本输入框中的
数值时,判断 N 是否等于 P(输入的数值),如果不等于则向
前运动,N 值增加 1,并且在 Label1 上显示 N 的数值;因为
TimerInterval 取值为 1000,每循环一次,周期为 1 秒。

initialize global P to 0
initialize global N to 0

图 4-19　建立变量

当变量 N 等于文本输入框中的数值时,停止运动,计时器不可用,如图 4-20 所示。

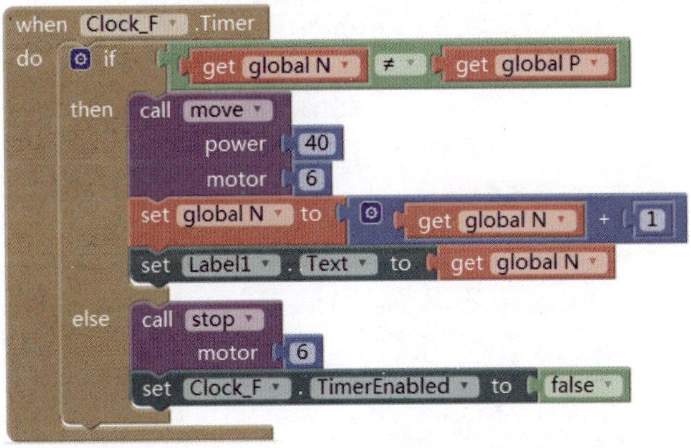

图 4-20　计时器 Clock_F 指令

② 前进按钮：启动计时器 Clock_F,将本文框中数值赋予变量 P,N＝0,如图 4-21
所示。

其他按钮指令分别如图 4-22～图 4-28 所示。

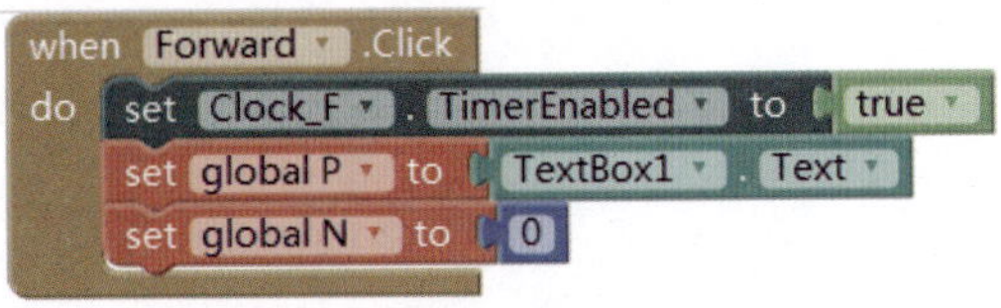

图 4-21　前进按钮指令

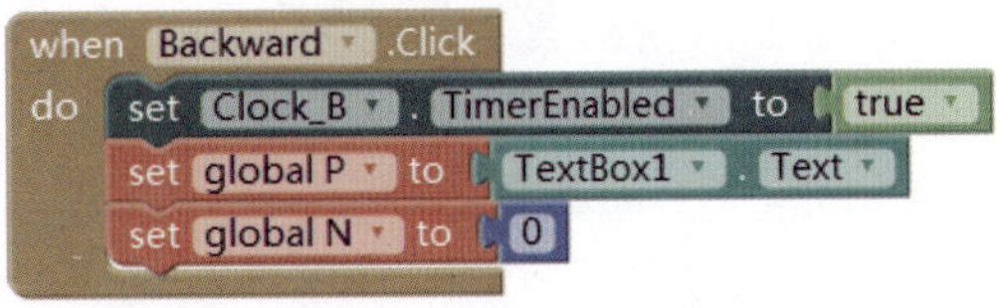

图 4-22　后退按钮指令

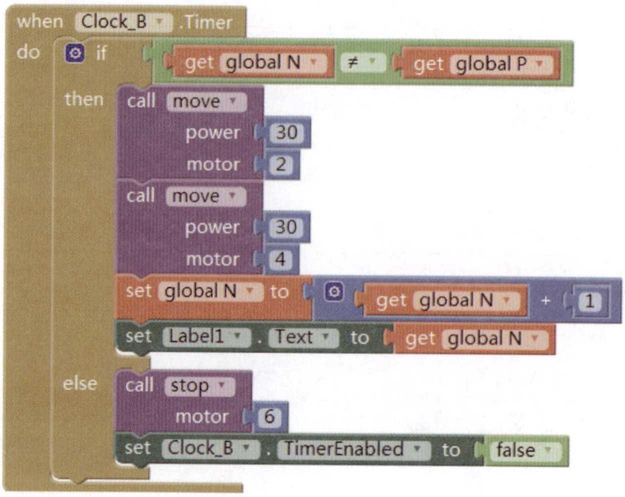

图 4-23　时间指令一

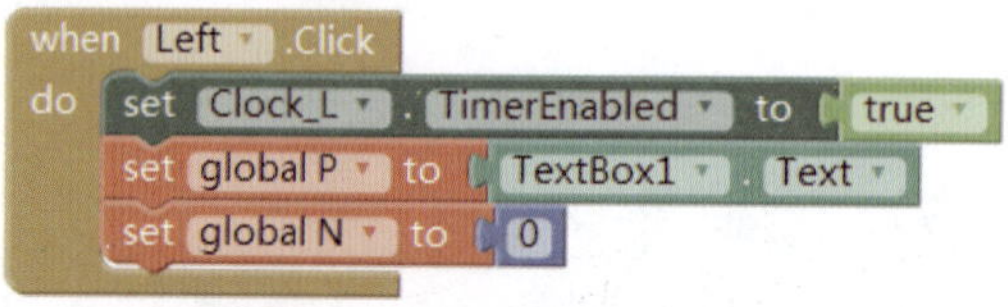

图 4-24　向左按钮指令

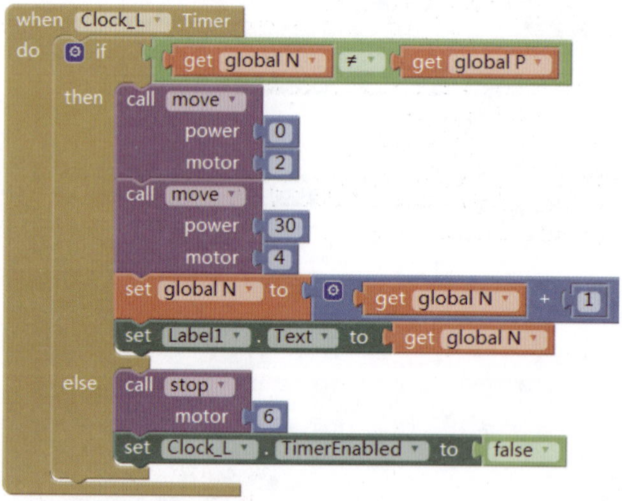

图 4-25　时间指令二

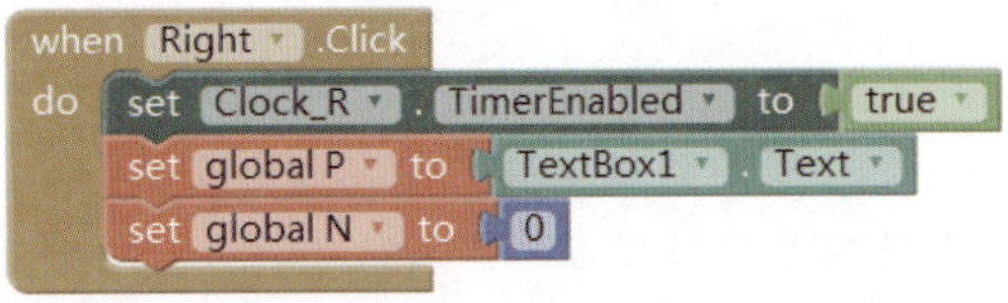

图 4-26　向右按钮指令

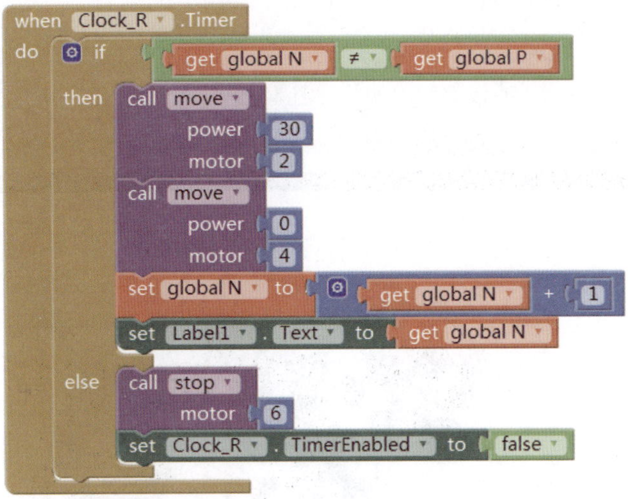

图 4-27　时间指令三

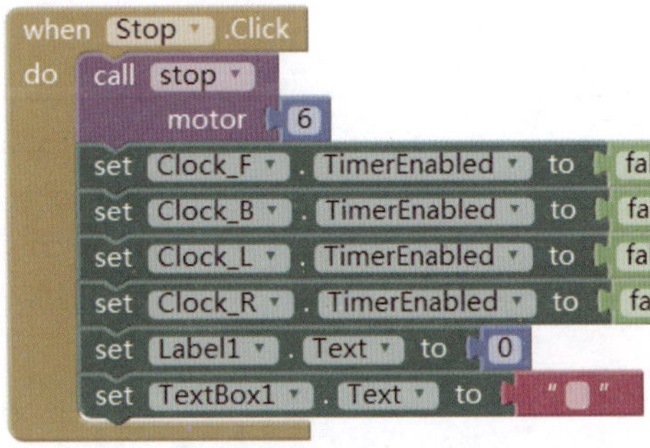

图 4-28　停止按钮指令

4.2　通过发送不同数据控制机器人的运动状态

案例 4.4　机器人接收数据

任务描述

当机器人接收到不同数据时,执行不同的程序。

📖 **学习目标**

- 学习如何通过蓝牙通信向机器人发送一个数字。
- 学习如何在机器人端编写分支结构。
- 学习数据的通信规则。

首先要在机器人程序中编写一个可以接收不同蓝牙数据的程序，当接收的数据不同时，执行不同的程序分支。

选用LEGO® MINDSTORMS® Education EV3 软件作为 EV3 控制器的编程工具，这一工具易于学生理解，有较好的普及性，如图 4-29 所示。

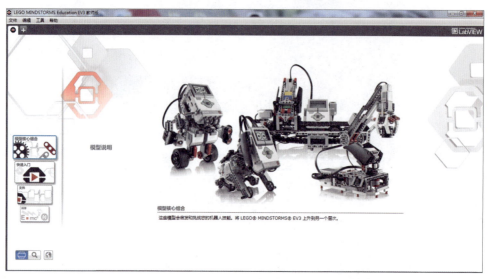

图 4-29　LEGO® MINDSTORMS® Education EV3 软件

关于 LEGO® MINDSTORMS® Education EV3 软件的使用在《乐高——实战 EV3》中有详细的介绍，读者可以参考阅读。在本案例中主要用到的模块如图 4-30 所示。

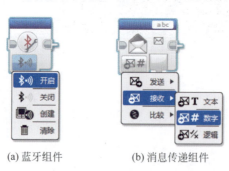

(a) 蓝牙组件　　　　(b) 消息传递组件

图 4-30　蓝牙通信组件

由于要接收来自安卓手机 App Inventor 2 端的消息，所以在消息传递模块中选择"接收"命令，"接收"命令下有文本、数字和逻辑不同的接收类型，这里以接收数字为例，选择数字。右上方的 abc 表示消息盒子的标签,用来区分不同的消息盒子,一般保持默认即可。

完成的程序如图 4-31 所示。

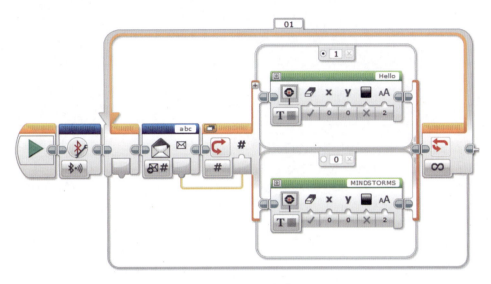

图 4-31　EV3 程序

步骤 1　UI 设计如图 4-32 所示。

图 4-32　UI 设计

步骤2　向浏览区加入控件，设置如表 4-5 所示。

表 4-5　属性设置

组　件	所属组别	命　名	作　用	属性设置
ListPicker	User Interface	ListPickerConnect	列表	Text："连接机器人"
Button	User Interface	ButtonDisconnect	按键	Text："断开连接" Visible：false
BluetoothClient1	Connectivity	BluetoothClient1	蓝牙通信	
Button	User Interface	Button_1	按键	Text：发送数据 1
Button	User Interface	Button_0	按键	Text：发送数据 0

步骤3　在模块编辑窗口中编辑程序。

与机器人蓝牙连接有关的程序模块与前面所讲案例程序相同，不再赘述。本案例要实现手机向 EV3 的消息模块发送 1，但是并不是简单地发送数字 1，EV3 就可以接收到。EV3 内置了一系列的接收规则，必须通过蓝牙发送一系列规则的数字，EV3 才会将其翻译为 1，相当于一个加密器，而 1 这个密码就是 15-0-1-0-129-158-4-97-98-99-0-4-0-0-0-128-63，而 0 的密码是 15-0-1-0-129-158-4-97-98-99-0-4-0-0-0-0-0。因此，在 App Inventor 2 中分别定义 A1 和 A0 两个全局变量来对应 1 和 0，如图 4-33 所示。

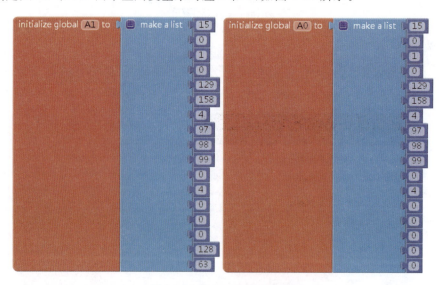

图 4-33　建立两个列表变量

这种发送数据的形式是由于使用了 EV3 内置的直接命令(direct command)，其中各个数字的含义如表 4-6 所示。

表 4-6　各个数字的含义

数　字	含　义
15	数据头，表示整个数据的长度，为"个数－2"。该组数字总共 17 个数字，减 2
0-1-0-129-159	Mailbox 固定格式

数　字	含　义
4	Mailbox 标题名的长度,如 abc 加上 0(表示终止),则长度为 4,如果标题是 a,则长度为 2
97	a 对应的 ASCII 码
98	b 对应的 ASCII 码
99	c 对应的 ASCII 码
0	终止符号
4	表示传送的数据长度,发送数字固定为 4,如果是字符串,则为字符加 1。如发送 abc,则为 4,如是逻辑(真或假)长度为 1
0	终止符号
0-0-128-63	数字 1 对应的 Float 值

常用的数字 Float 值如表 4-7 所示。

表 4-7　常用数字 Float 值

数字	Float 值	数字	Float 值
0	0、0、0、0	8	0、0、0、65
1	0、0、128、63	9	0、0、16、64
2	0、0、0、64	10	0、0、32、65
3	0、0、64、64	11	0、0、48、65
4	0、0、128、64	0.1	205、204、204、61
5	0、0、160、64	0.01	10、215、35、60
6	0、0、192、64	—1	0、0、128、191
7	0、0、224、64	—2	0、0、0、—192

完成的其他部分程序如图 4-34 所示。

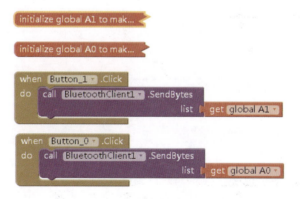

图 4-34　程序指令

完成后就可能与 EV3 连接并测试程序,看看效果如何。通过这一案例学习了如何通过蓝牙向 EV3 发送一个数字,这个数字不是简单地发送,而是要遵守一定的规则才能实现。目前 App 可以控制的外接设备有很多,都是要按这样一些协议的规定,才可以实现对外接设备的控制。

案例 4.5　机器人接收文本

任务描述

通过发送不同字符控制机器人的运动状态。

学习目标

- 学习如何通过蓝牙通信向机器人发送字符。
- 学习 EV3 多选择程序的编写。

制作一个通过蓝牙通信向 EV3 发送指令的程序。当 EV3 接收到不同指令时执行不同的分支指令,当接收到 Smile 时显示笑脸,当接收到 Angry 时显示发怒,默认显示文字 Hello,EV3 程序如图 4-35 所示。

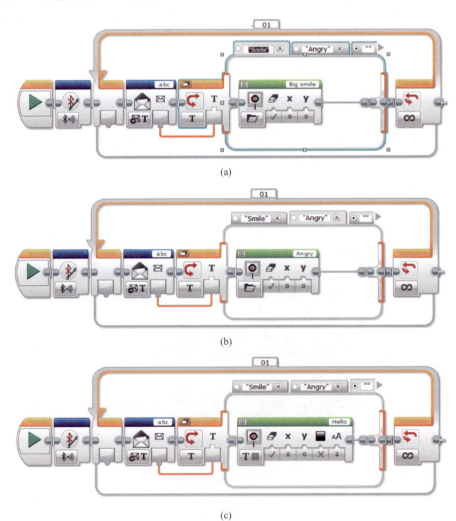

(a)

(b)

(c)

图 4-35　EV3 程序

步骤 1　UI 设计如图 4-36 所示。

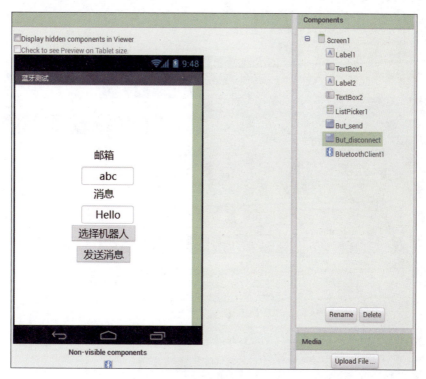

图 4-36　UI 设计

步骤 2　向浏览区中加入控件，设置如表 4-8 所示。

表 4-8　属性设置

组　　件	所 属 组 别	命　　名	作　用	属 性 设 置
Label	User Interface	Label1	标签	Text："邮箱"
TextBox	User Interface	TextBox1	输入	Text："abc"
Label	User Interface	Label2	标签	Text："消息"
TextBox	User Interface	TextBox2	输入	Text："Hello"
ListPicker	User Interface	ListPickerConnect	列表	Text："选择机器人"
Button	User Interface	But_send	按键	Text："发送消息"
Button	User Interface	But_disconnect	按键	Text："断开连接"
BluetoothClient	User Interface	BluetoothClient1	蓝牙通信	

步骤 3　在模块编辑窗口中编辑程序。

与机器人蓝牙连接有关的程序模块与前面所讲案例程序相同，不再赘述。

发送按钮指令如图 4-37 所示。

与案例 4.4 相类似，蓝牙通信有特定的格式，在这里不再详细探讨。

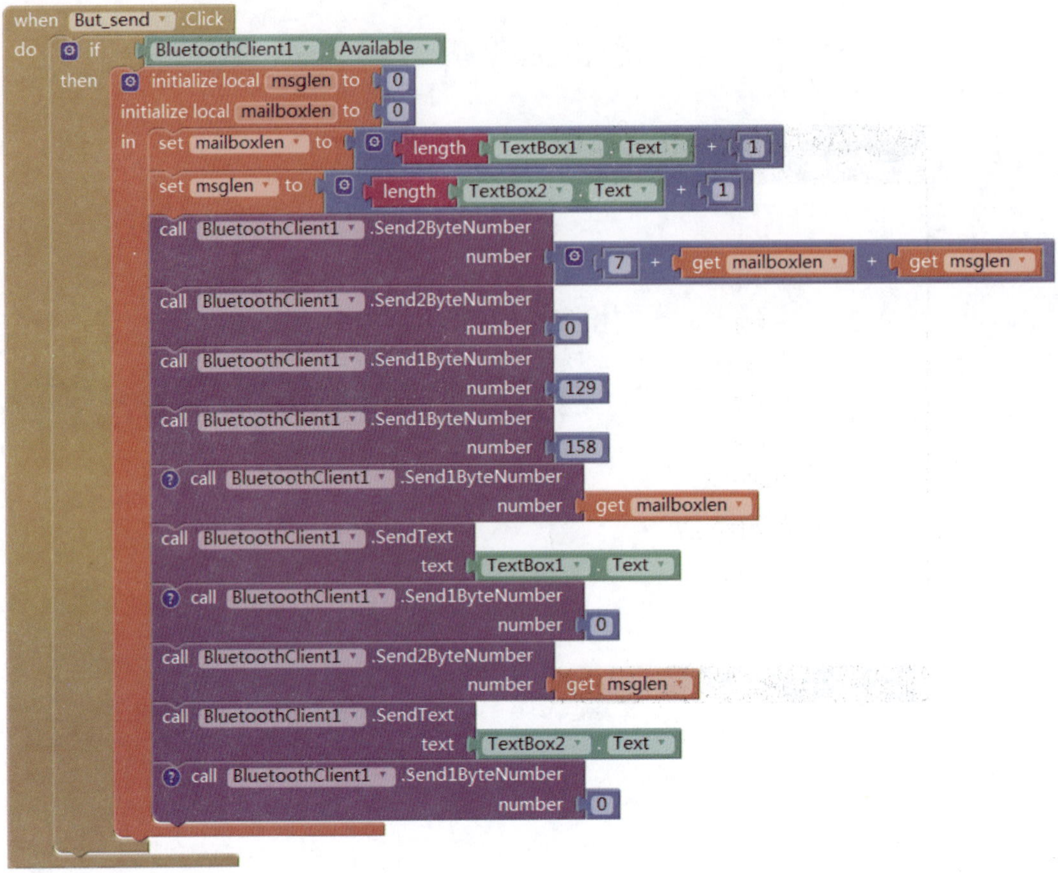

图 4-37　发送按钮指令

4.3　控制乐高机器人的其他输出方式

案例 4.6　灯光控制

任务描述

通过指令控制乐高机器人的灯光。

学习目标

- 学习控制机器人的输出方式。
- 控制机器人的几种灯光状态。

步骤 1　UI 设计如图 4-38 所示。

步骤 2　向浏览区中加入控件，设置如表 4-9 所示。

图 4-38　UI 设计

表 4-9　属性设置

组　　件	所　属　组　别	命　　名	作　用	属　性　设　置
ListPicker	User Interface	ListPickerConnect	列表	Text："选择机器人"
Button	User Interface	ButtonDisconnect	按键	Text："断开连接" Visible："　"
TableArrangement	Layout	TableArrangement1	布局	Columns：3 Rows：3
Button	User Interface	G_ON	按键	Text："绿灯亮"
Button	User Interface	R_ON	按键	Text："红灯亮"
Button	User Interface	O_ON	按键	Text："橙灯亮"
Button	User Interface	G_FLASH	按键	Text："绿灯闪"
Label1	User Interface	R_FLASH	按键	Text："红灯闪"
Label1	User Interface	O_FLASH	按键	Text："橙灯闪"
Label1	User Interface	G_D_FLASH	按键	Text："绿双闪"
Label1	User Interface	R_D_FLASH	按键	Text："红双闪"
Label1	User Interface	O_D_FLASH	按键	Text："橙双闪"
Label1	User Interface	ALL_OFF	按键	Text："全灭"
BluetoothClient	User Interface	BluetoothClient1	蓝牙通信	

步骤 3　在模块编辑窗口中编辑程序。

与机器人蓝牙连接有关的程序模块与其他程序相同，不再赘述。其程序模块指令如表 4-10 所示。

表 4-10　程序模块

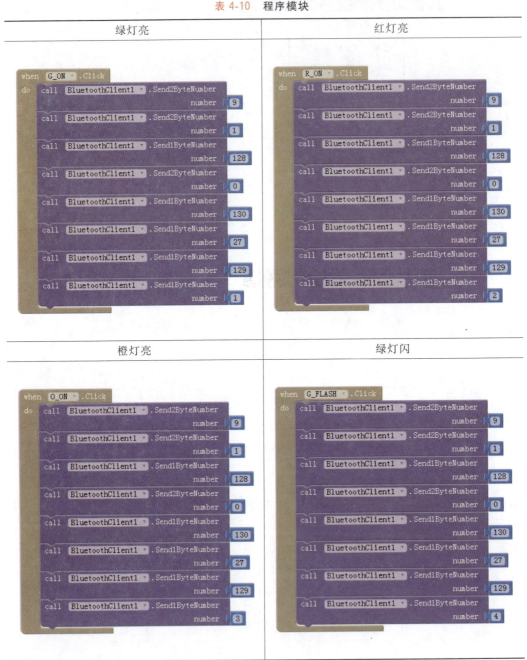

红灯闪	橙灯闪
when R_FLASH .Click do call BluetoothClient1 .Send2ByteNumber number 9 call BluetoothClient1 .Send2ByteNumber number 1 call BluetoothClient1 .Send1ByteNumber number 128 call BluetoothClient1 .Send2ByteNumber number 0 call BluetoothClient1 .Send1ByteNumber number 130 call BluetoothClient1 .Send1ByteNumber number 27 call BluetoothClient1 .Send1ByteNumber number 129 call BluetoothClient1 .Send1ByteNumber number 5	when O_FLASH .Click do call BluetoothClient1 .Send2ByteNumber number 9 call BluetoothClient1 .Send2ByteNumber number 1 call BluetoothClient1 .Send1ByteNumber number 128 call BluetoothClient1 .Send2ByteNumber number 0 call BluetoothClient1 .Send1ByteNumber number 130 call BluetoothClient1 .Send1ByteNumber number 27 call BluetoothClient1 .Send1ByteNumber number 129 call BluetoothClient1 .Send1ByteNumber number 6
绿双闪	红双闪
when G_D_FLASH .Click do call BluetoothClient1 .Send2ByteNumber number 9 call BluetoothClient1 .Send2ByteNumber number 1 call BluetoothClient1 .Send1ByteNumber number 128 call BluetoothClient1 .Send2ByteNumber number 0 call BluetoothClient1 .Send1ByteNumber number 130 call BluetoothClient1 .Send1ByteNumber number 27 call BluetoothClient1 .Send1ByteNumber number 129 call BluetoothClient1 .Send1ByteNumber number 7	when R_D_FLASH .Click do call BluetoothClient1 .Send2ByteNumber number 9 call BluetoothClient1 .Send2ByteNumber number 1 call BluetoothClient1 .Send2ByteNumber number 128 call BluetoothClient1 .Send2ByteNumber number 0 call BluetoothClient1 .Send1ByteNumber number 130 call BluetoothClient1 .Send1ByteNumber number 27 call BluetoothClient1 .Send1ByteNumber number 129 call BluetoothClient1 .Send1ByteNumber number 8

续表

橙双闪	全灭

案例 4.7　声音控制

✎ **任务描述**

通过指令控制乐高机器人的声音。

📖 **学习目标**

- 学习控制机器人的输出方式。
- 控制机器人的声音。

步骤 1　UI 设计如图 4-39 所示。

步骤 2　向浏览区加入所需控件，设置如表 4-11 所示。

表 4-11　属性设置

组　件	所属组别	命　名	作　用	属性设置
ListPicker	User Interface	ListPickerConnect	列表	Text："选择机器人"
VerticalArrangement1	Layout	RobotUI	布局	
Button	User Interface	ButtonDisconnect	按键	Text："断开连接" Visible：" "
HorizontalArrangement	Layout	HorizontalArrangement1	布局	
Button	User Interface	ButtonPlayToneA4	按键	Text："A"
Button	User Interface	ButtonPlayToneB4	按键	Text："B"
Button	User Interface	ButtonPlayToneC4	按键	Text："C"

续表

组　件	所属组别	命　名	作　用	属性设置
Button	User Interface	ButtonPlayToneD4	按键	Text："D"
Label1	User Interface	ButtonPlayToneE4	按键	Text："E"
Label1	User Interface	ButtonPlayToneF4	按键	Text："F"
BluetoothClient	User Interface	BluetoothClient1	蓝牙通信	

图 4-39　UI 设计

步骤 3　在模块编辑窗口中编辑程序。

与机器人蓝牙连接有关的程序模块与其他程序相同，不再赘述。

（1）定义变量，如图 4-40 所示。

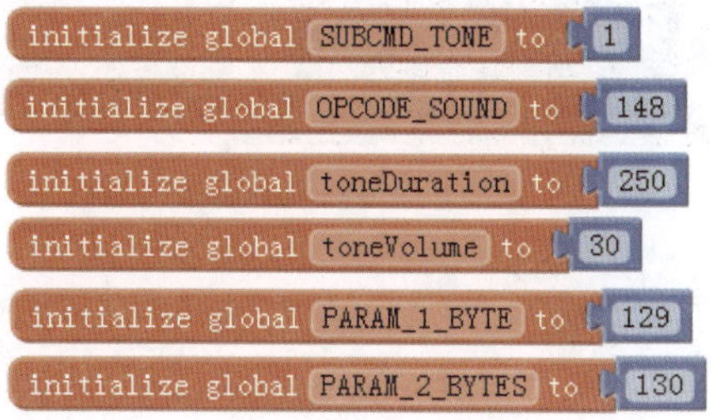

initialize global SUBCMD_TONE to 1

initialize global OPCODE_SOUND to 148

initialize global toneDuration to 250

initialize global toneVolume to 30

initialize global PARAM_1_BYTE to 129

initialize global PARAM_2_BYTES to 130

图 4-40　定义变量

（2）按钮指令如图 4-41～图 4-46 所示。

```
when ButtonPlayToneA4 .Click
do  call playTone
              volumn   get global toneVolume
           frequency   440
           duration    get global toneDuration
```

图 4-41　按钮指令一

```
when ButtonPlayToneB4 .Click
do  call playTone
              volumn   get global toneVolume
           frequency   494
           duration    get global toneDuration
```

图 4-42　按钮指令二

```
when ButtonPlayToneC4 .Click
do  call playTone
              volumn   get global toneVolume
           frequency   523
           duration    get global toneDuration
```

图 4-43　按钮指令三

```
when ButtonPlayToneD4 .Click
do  call playTone
              volumn   get global toneVolume
           frequency   294
           duration    get global toneDuration
```

图 4-44　按钮指令四

```
when ButtonPlayToneE4 .Click
do  call playTone
              volumn   get global toneVolume
           frequency   330
           duration    get global toneDuration
```

图 4-45　按钮指令五

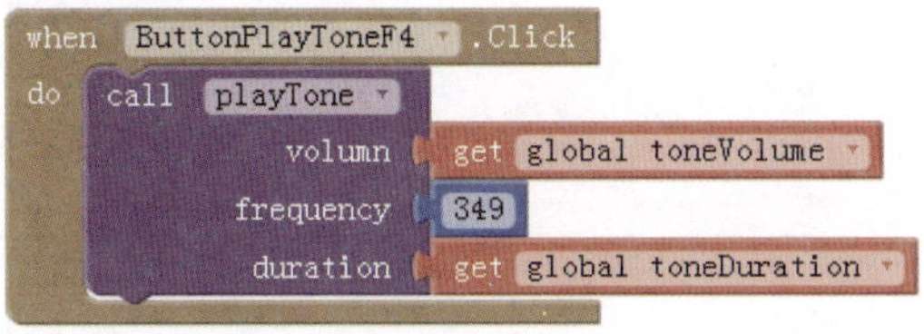

图 4-46　按钮指令六

（3）定义过程如图 4-47 所示。

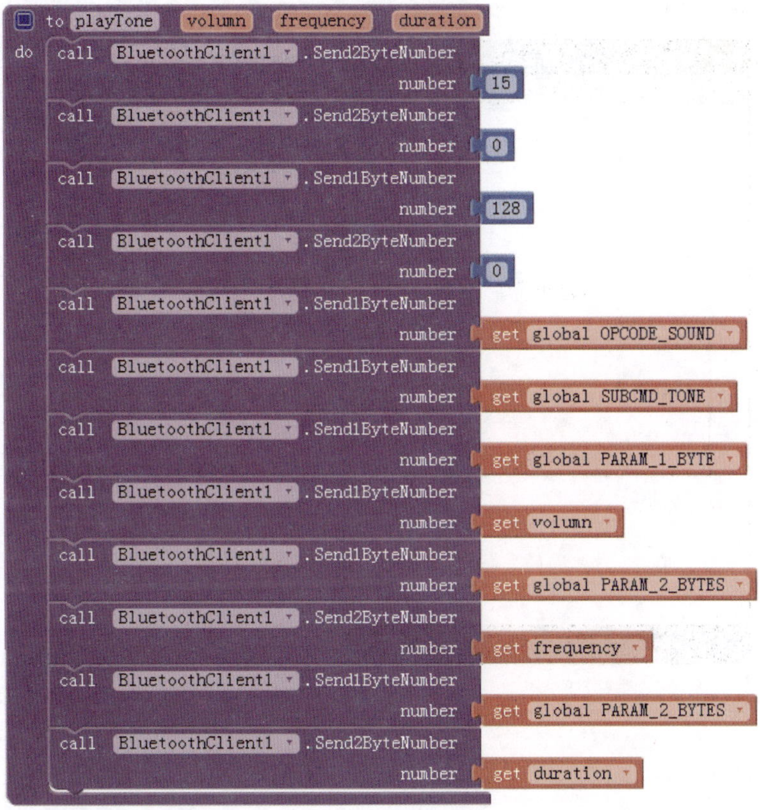

图 4-47　定义过程

4.4　获取乐高传感器检测数据

案例 4.8　获取传感器数值

任务描述

通过手机获取乐高传感器检测的数值。

App Inventor 2 与机器人程序设计

学习目标

• 学习如何获取乐高传感器的检测值。

在案例 4.7 中已经学习了如何控制机器人电动机的运动，本案例将减少对控制的难度，了解如何获得传感器的数值。

步骤 1 UI 设计如图 4-48 所示。

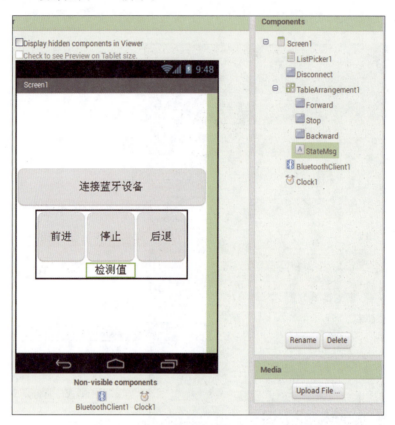

图 4-48 UI 设计

步骤 2 向浏览区加入所需控件，设置如表 4-12 所示。

表 4-12 属性设置

组 件	所属组别	命 名	作 用	属 性 设 置
ListPicker	User Interface	ListPickerConnect	列表	Text："连接机器人"
Button	User Interface	Disconnect	按键	Text："断开" Visible：" "
Button	User Interface	Forward	按键	Text："前进"
Button	User Interface	Stop	按键	Text："停止"
Button	User Interface	Backward	按键	Text："后退"
Button	User Interface	But_disconnect	按键	Text："断开"

续表

组　　件	所属组别	命　　名	作　用	属性设置
Label1	User Interface	StateMsg	标签	Text："检测值"
BluetoothClient	User Interface	BluetoothClient1	蓝牙通信	
Clock	Sensors	Clock1	时间	TimerInterval：500 TimerEnabled：F

步骤 3　在模块编辑窗口中编辑程序。

与机器人蓝牙连接、运动、停止有关的模块指令与其他程序相同，不再赘述。

（1）定义过程如图 4-49 所示。

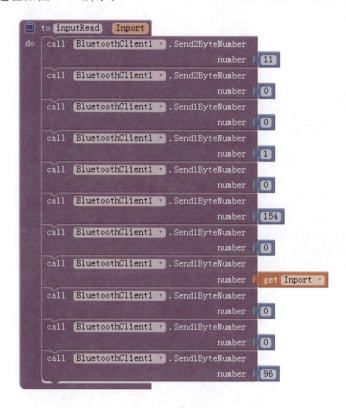

图 4-49　定义过程

Port 为传感器连接端口，取值范围为 0～3，对应 EV3 端口 1～4。

其中第 10 端口上的数字默认为 0，是传感器模式设置，可以为 0～7，这决定传感器是否有这样多的模式。

（2）计时器模块指令，如图 4-50 所示。

（3）如果在属性设置中将计时器模块的 TimerEnabled 属性设置为"可用"，程序启动后就会执行立即计时器指令，这时会出现错误提示，这是由于还没有连接机器人，而与机器人有关的指令却已经开始执行了。为避免这一错误，将连接计时器模块的 TimerEnabled 初始属性设置为"不可用"，并且更改连接和断开机器人的指令，如图 4-51

图 4-50　计时器模块指令

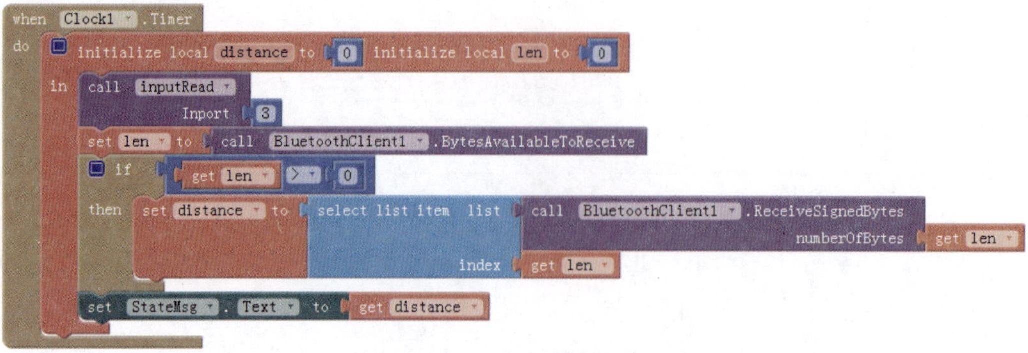

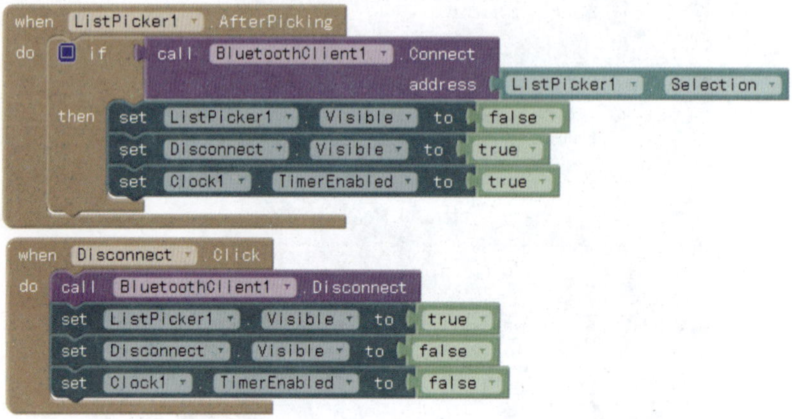

图 4-51　只有在与机器人连接时计时器是可用的

所示。

案例 4.9　通过短信，申请获取数据

任务描述

手机对机器人控制的一个很重要的用途就是可以远距离获得传感器的检测值，可以通过机器人所携带的传感器检测周围环境的变化，并在手机上进行显示或将检测结果发送到指定的手机上。

学习目标

- 学习如何将传感器检测结果发送到指定的手机上。
- 学习如何验证预留手机号码或短信。

步骤 1　UI 设计如图 4-52 所示。

图 4-52　UI 设计

步骤 2　向浏览区加入按钮和图片，设置如表 4-13 所示。

表 4-13　属性设置

组 件	所 属 组 别	命 名	作 用	属 性 设 置
ListPicker	User Interface	ListPicker1	列表	Text："连接蓝牙设备"
Button	User Interface	Disconnect	按键	Text："断开"
Label	User Interface	StateMsg	标签	Text："检测值："
BluetoothClient1	Connectivity	BluetoothClient1	蓝牙通信	
Clock	Sensors	Clock1	时间	TimerInterval：100
Label	Media	TextToSpeech1	文声转换	
TextBox	Social	Texting1	短信	

步骤 3　在模块编辑窗口中编辑程序。

与机器人蓝牙连接有关的程序模块与其他程序相同，不再赘述。

（1）获得传感器检测值，如图 4-53 所示。

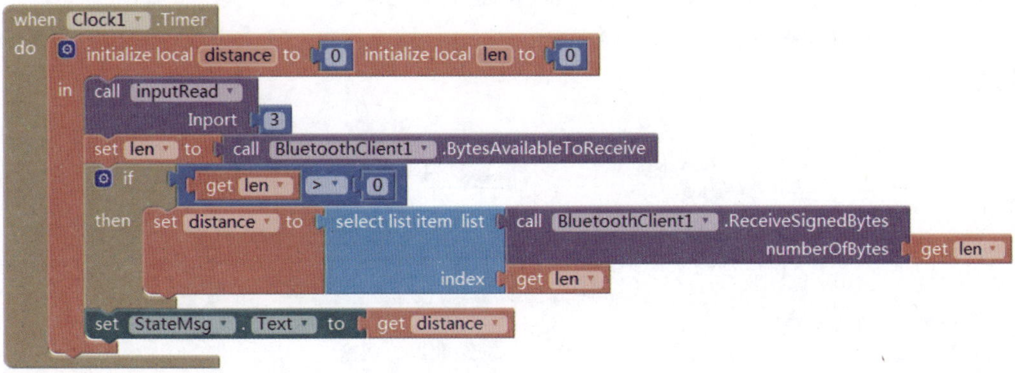

图 4-53　获得传感器检测值

（2）当手机收到短信时，如果与预留的短信相同，则将传感器检测值以短信的形式发送给对方；否则将发送"请输入口令，申请获得数据"，如图 4-54 所示。

图 4-54　发送传感器检测值

案例 4.10　各种第三方传感器数值的检测

 任务描述

LabView 软件应用十分广泛，这一软件也支持在 EV3 上使用多种第三方传感器，希望在手机上同样可以获得这些传感器的检测结果。

学习目标

- 学习在 LabView 软件上编写传感器检测程序。
- 学习在手机上如何读取 LabView 发送的检测数据。

EV3 提供的传感器只有几种，但 EV3 可以与很多第三方传感器兼容，因此可以在 EV3 上编写程序，并通过蓝牙传送数据到手机的方式获得传感器检测的数值。在本案例中，选择 LABVIEW FOR LEGO® MINDSTORMS® 为 EV3 编写程序，由于 LabView 提供了众多的传感器可供选择，因此如何在手机上读取这些数据是要解决的问题，如果可以获得这些传感器的数值，无疑会让手机功能变得更加强大。

利用 LabView 所提供的蓝牙通信功能，将 EV3 所获得的传感器数据传送到手机上，程序如图 4-55 所示。

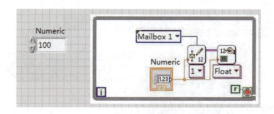

图 4-55　LabView 发送数据的程序

在这个程序中，通过输入并发送不同的数值，以了解手机端获取数据的情况，这是因为不了解 LabView 通过蓝牙通信过程中对数据是如何传送的,用这种方式就可以获得相关信息。为确定发送了某一数据,在 EV3 屏幕上显示这一数据,以便与手机接收数据相对照。这一程序如果将输入端换作传感器的数据,就可以采集检测 LabView 所支持的各种传感器。

步骤 1　UI 设计如图 4-56 所示。

图 4-56　UI 设计

步骤 2　向浏览区中加入控件,设置如表 4-14 所示。

表 4-14　属性设置

组　件	所属组别	命　名	作　用	属性设置
ListPicker	User Interface	ListPickerConnect	列表	Text:"选择机器人"
Button	User Interface	ButtonDisconnect	按键	Text:"断开连接" Visible:"　"
HorizontalArrangement	Layout	HorizontalArrangement1	布局	
Button	User Interface	Start_Receive	按键	Text:"开始接收"
Button	User Interface	Stop_Receive	按键	Text:"停止接收"
Label	User Interface	Label1	标签	Text:"检测值"
BluetoothClient	User Interface	BluetoothClient1	蓝牙通信	
Clock	Sensors	Clock1	计时	TimerInterval:10

步骤 3　在模块编辑窗口中编辑程序。

与机器人蓝牙连接有关的程序模块与其他程序相同,不再赘述。

(1) 开始接收和停止接收的指令通过按钮启动或停止计时器来控制,如图 4-57 所示。

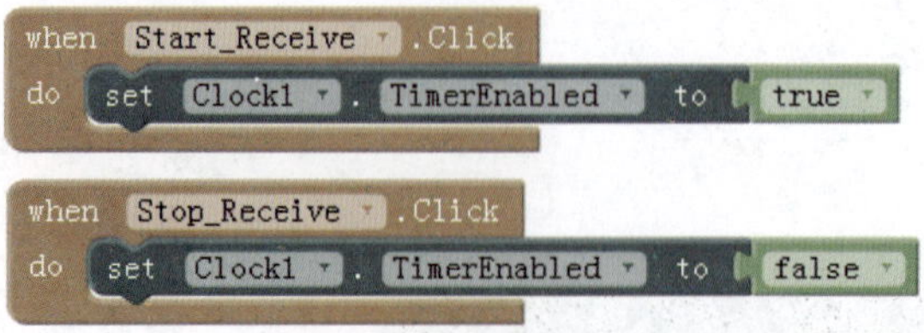

图 4-57　按钮指令

(2) 计时器启动后将检测值显示在标签中,如图 4-58 所示。

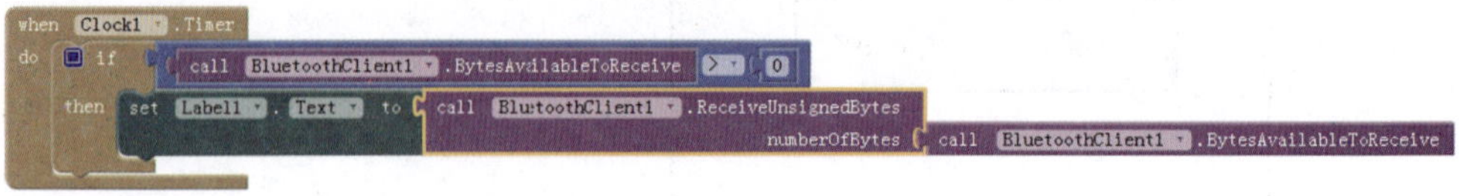

图 4-58　将检测值显示在标签中

启动手机程序与 EV3 连接,在 EV3 上启动采集程序,传感器检测的数据将通过蓝牙传送到手机端,但是显示的结果却是以特殊的格式无法直接读取。为此通过实际检测,列出 0～100 的数据对照表,参见附录 A。通过对照,就可以确定检测的数值。

通过分析 0～100 的数据可以发现存在以下规律。

一个发送的值对应接收值长度为 10～12 字节:发送值为 0～9 内的,对应接收值长度为 10 字节;发送值为 10～99 内的,对应接收值长度为 11 字节;发送值为 100 的,对应接收值长度为 12 字节。

如果发送值为 100,从文档里可以看出,对应接收值为 12 0 1 0 129 158 2 48 0 3 0 49 48 48,其中返回结果头两个字节 12 0,这两个字节表示要接收 12 字节数据,其后 1 0 129 158 2 48 0 是固定的,最后 3 0 49 48 48 表示发送值用 3 字节存储,分别是 49、48、48。这里需要计算:49 表示百位(49-48=1),48 表示十位(48-48=0),48 表示个位(48-48=0),百位为 1,十位为 0,个位为 0,真实数字是 $1 \times 100 + 0 \times 10 + 0 = 100$,改进程序如图 4-59 和图 4-60 所示。

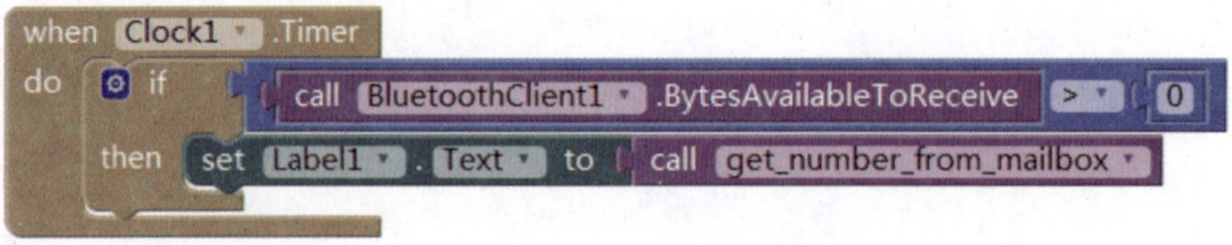

图 4-59　改进程序一

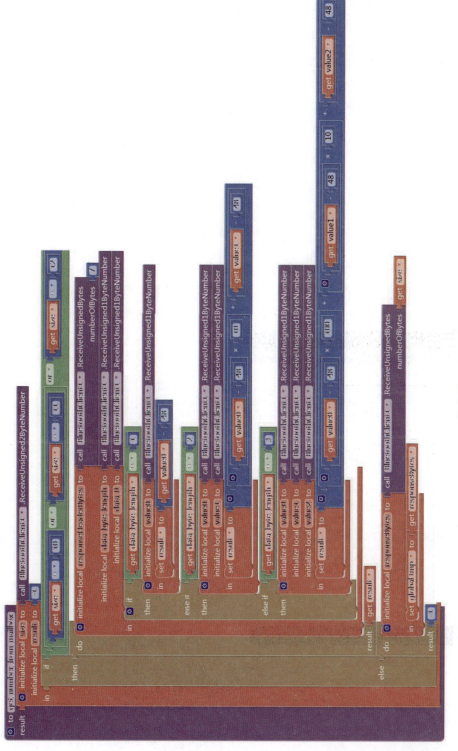

图 4-60　改进程序二

83

4.5 利用乐高传感器控制机器人

案例 4.11 避障与报警

 任务描述

制作一个可以行驶的小车,如果遇到障碍会报警,并停止运动。

 学习目标

- 学习如何检测机器人传感器数值。
- 学习如何根据传感器检测的数据自动控制机器人的运动。
- 学习语音输出模块的使用。

步骤1 UI设计如图4-61所示。

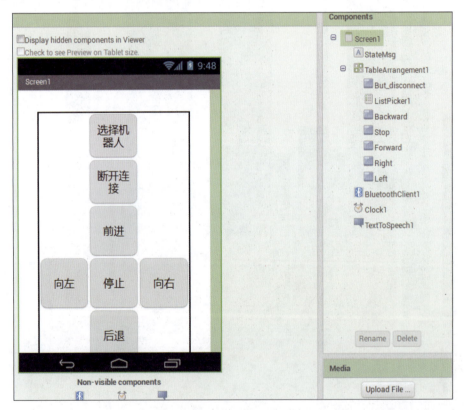

图 4-61 UI 设计

步骤2 向浏览区中加入控件,设置如表4-15所示。

表 4-15　属性设置

组　件	所属组别	命　名	作　用	属　性　设　置
Label	User Interface	StateMsg	标签	Text："　"
TableArrangement	Layout	TableArrangement1	布局	Columns：3 Rows：5
ListPicker	User Interface	ListPickerConnect	列表	Text："选择蓝牙设备"
Button	User Interface	But_disconnect	按键	Text："断开连接" Visible："　"
Button	User Interface	Backward	按键	Text："后退"
Button	User Interface	Stop	按键	Text："停止"
Button	User Interface	Forward	按键	Text："前进"
Button	User Interface	Right	按键	Text："向右"
Button	User Interface	Left	按键	Text："向左"
TextToSpeech	Media	TextToSpeech1	语音	
BluetoothClient	User Interface	BluetoothClient1	蓝牙通信	
Clock	Sensors	Clock1	计时	TimerInterval：500
Clock	Sensors	Clock2	计时	TimerInterval：1000

步骤 3　在模块编辑窗口中编辑程序。

与机器人蓝牙连接有关的程序模块与其他程序相同,不再赘述。

（1）设置 Clock1 指令。

① 设置全局变量 isStop、distance、len、limit。

② 检测超声波传感器的数值。

③ 如果数值大于预设值（程序中设为 20）,则判断全局变量 isStop 是否等于 true?

④ 如果 isStop＝true,说明小车遇障碍而停止,小车后退,显示"小车行进中",isStop＝false。

⑤ 如果数值小于预设值（程序中设为 20）,说明小车遇到障碍,显示"前方有障碍"并后退,isStop＝true,如图 4-62 所示。

（2）设置 Clock2 指令。

检测 isStop 的数值,如果 isStop＝true 则表示前方有障碍,调用语音模块,如图 4-63 所示。

其中传感器数据的获取与电动机运动的指令可参考以上案例。

```
when Clock1 .Timer
do  initialize local distance to  0  initialize local len to  0  initialize local limit to  20
in  call inputRead ▾
    set len ▾ to  call BluetoothClient1 ▾ .BytesAvailableToReceive
    if  get len ▾  > ▾  0
    then  set distance ▾ to  select list item list  call BluetoothClient1 ▾ .ReceiveSignedBytes
                                                                            numberOfBytes  get len ▾
                                            index  get len ▾
          if  get distance ▾  > ▾  get limit ▾
          then  if  get global isStop ▾  = ▾  true
                then  call move ▾
                           power  40
                           motor  6
                      set StateMsg ▾ . Text ▾ to  " 小车行进中... "
                      set global isStop ▾ to  false
                else  set StateMsg ▾ . Text ▾ to  " 前方有障碍!! "
                      call stop ▾
                           motor  6
                      set global isStop ▾ to  true
```

图 4-62 小车遇到障碍程序

```
when Clock2 .Timer
do  if  get global isStop ▾  = ▾  true
    then  call TextToSpeech1 ▾ .Speak
               message  " 请注意，前方有障碍!! "
```

图 4-63 调用语音模块

4.6 控制乐高 EV3 的功率

在 4.1 节中曾经提到要对电动机功率参数取值范围进行讨论。在以上的所有案例中将运动时的电动机功率参数取值为 30 和 40，这样就可以让电动机进行正转与反转，那么电动机功率参数的取值范围是否如以往编程中取[－100，100]呢？相信同学们已经在试验中遇到过这个问题。

案例 4.12 参数取值与功率测量

 任务描述

本节通过试验方式了解电动机功率参数与电动机运动的关系。

学习目标

- 设计一个 App 程序逐一增加电动机功率参数，改变电动机的运动状态。
- 设计试验方法，测量每一电动机功率参数下对应的运动速度。
- 通过确定电动机功率参数与电动机运动的关系。

（1）首先设计 App 程序，逐一增加电动机功率参数，改变电动机的运动状态。

步骤 1　UI 设计如图 4-64 所示。

图 4-64　UI 设计

步骤 2　浏览区中加入控件，设置如表 4-16 所示。

表 4-16　属性设置

组　件	所属组别	命　名	作　用	属性设置
ListPicker	User Interface	ListPicker1	列表	Text："连接机器人"
Button	User Interface	But_disconnect	按键	Text："断开连接" Visible："　"
Label	User Interface	Label1	标签	
TableArrangement	Layout	TableArrangement1	布局	Columns：3 Rows：1

续表

组　件	所属组别	命　名	作　用	属 性 设 置
Button	User Interface	Forward	按键	Text："前进"
Button	User Interface	Stop	按键	Text："停止"
Button	User Interface	add	按键	Text："增加"
Button	User Interface	reduce	按键	Text："减小"
BluetoothClient	User Interface	BluetoothClient1	蓝牙通信	

步骤 3　在模块编辑窗口中编辑程序。

与机器人运动、停止、蓝牙连接有关的程序模块与其他程序相同，不再赘述。

设置全局变量，如图 4-65 所示。

增加或减小变量值，如图 4-66 所示。

图 4-65　设置全局变量 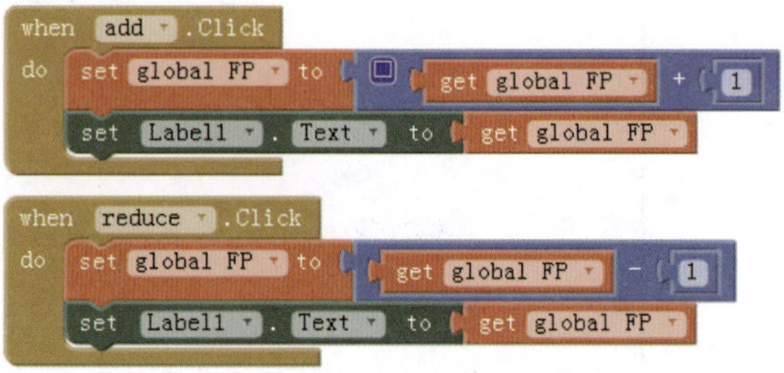　　　　图 4-66　增加或减小变量

运动模块设置如图 4-67 所示。

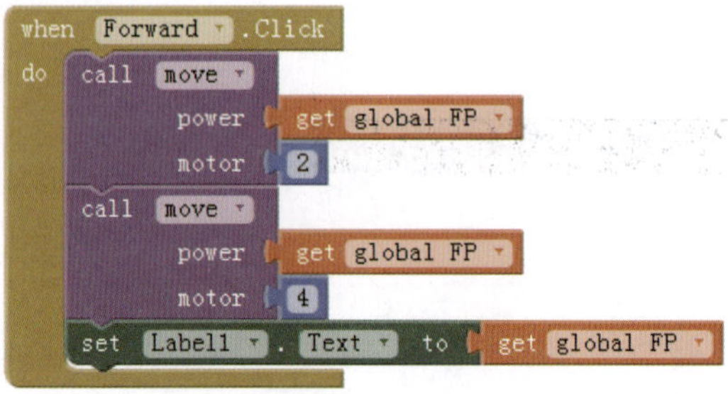

图 4-67　运动模块指令

至此，完成了 App 程序的编写，可以用来控制 EV3，观察电动机的运动情况。

（2）使用 NI LabView for LEGO Mindstorms 软件，编写用于检测电动机运动速度的程序。

这一程序中，在间隔 1 秒的时间，两次测量电动机 B 的角度，即可获得角速度，并显示在前面板的数字框和图表中，程序如图 4-68 所示。

（3）实验测量步骤。

步骤 1　将手机与 EV3 用蓝牙连接，启动 App 程序。

步骤 2　将 EV3 与计算机用 USB 线连接，在计算机上运行图 4-68 所示的 NI 程序。

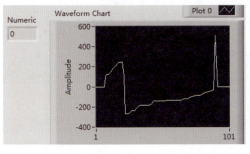

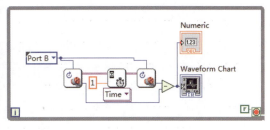

图 4-68　NI 程序

步骤 3　将电动机功率参数逐一增加，记录电动机转动速度。

步骤 4　获得数据如表 4-17 所示。

表 4-17　试验数据

数值	速度	数值	速度	数值	速度	数值	速度	数值	速度	数值	速度
−1	−124	16	152	33	−268	50	−135	67	0	84	0
0	0	17	160	34	−260	51	−127	68	565	85	0
1	33	18	167	35	−252	52	−119	69	−517	86	0
2	41	19	175	36	−243	53	−112	70	438	87	0
3	49	20	183	37	−237	54	−104	71	534	88	0
4	56	21	192	38	−229	55	−96	72	566	89	0
5	65	22	199	39	−222	56	−88	73	−521	90	0
6	72	23	207	40	−213	57	−81	74	440	91	0
7	80	24	215	41	−205	58	−73	75	535	92	0
8	88	25	223	42	−197	59	−65	76	0	93	0
9	96	26	230	43	−189	60	−57	77	0	94	0
10	104	27	238	44	−182	61	−50	78	0	95	0
11	112	28	246	45	−174	62	−41	79	0	96	0
12	120	29	254	46	−167	63	−34	80	0	97	0
13	127	30	262	47	−159	64	−269	81	0	98	−239
14	136	31	271	48	−150	65	0	82	0	99	535
15	144	32	−277	49	−144	66	0	83	0	100	0

其中转速正负表示电动机转动方向不同，根据数据绘制如图 4-69 所示。

步骤 5　分析图 4-69 可知，在[0,31]和[32,63]这两个区间，电动机(速度)功率是与功率参数成正比变化。功率参数如果超过试验所限区间会造成系统错误，在操作时应当予以避免。

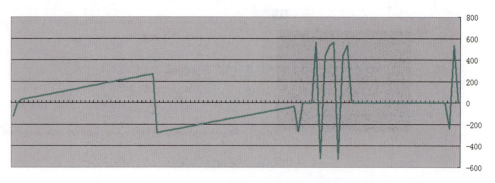

图 4-69　电动机功率参数[−1,100]对应电动机转速

第5章 手机传感器的应用

手机中有多种传感器,如重力传感器、加速度传感器、方向传感器、计时器、GPS等,这些传感器不仅可以检测手机的状态,让人机互动有更多的体验,同时还可以利用这些传感器对外接的智能设备进行控制,正如可以将手机视作机器人一样,这些传感器与乐高机器人的结合,可以使它的应用范围更为广泛、功能更为强大。

在一些手机游戏中可以很方便地用触屏滑动的方式对游戏进行控制,这种方式也同样可以扩展为对机器人进行的操作。

5.1 触屏控制机器人

案例5.1 触屏控制机器人运动

任务描述

设计一个App程序,当手指在屏幕上滑动时控制机器人的运动方向。

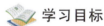 学习目标

- 学习触碰传感器的使用,了解与画布有关的事件。
- 了解不同能量参数值对电动机的影响。

步骤1 UI设计如图5-1所示。
步骤2 向浏览界面中加入按钮和图片,设置如表5-1所示。

表5-1 属性设置

组 件	所 属 组 别	命 名	作 用	属 性 设 置
ListPicker	User Interface	ListPicker1	列表	Text:"选择机器人"
Button	User Interface	But_disconnect	按钮	Text:"断开连接"
Button	User Interface	STOP	按钮	Text:"停止"
Canvas	Drawing and Animation	Canvas1	触控	Height:310 Width:310
Ball1	Drawing and Animation	Ball1	随手指运动	X:160 Y:160 Radius:50
BluetoothClient1	Connectivity	BluetoothClient1	蓝牙通信	

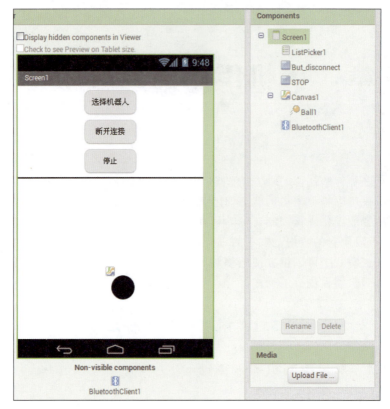

图 5-1 UI 设计

步骤 3 在模块编辑窗口中编辑程序。

与机器人运动、停止、蓝牙连接有关的程序模块与其他程序相同,不再赘述。

本案例中用到画布(Canvas),画布是绘制图形、图像精灵、背景画面等的载体。

(1)画布中的坐标。X:坐标点距离左侧边缘的距离,数值为正;Y:坐标点距离上边缘的距离,数值为正,如图 5-2 所示。

(2)与画布有关的事件如表 5-2 所示。

(3)事件如图 5-3 所示。

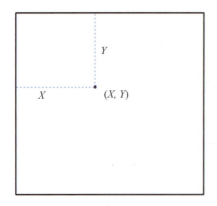

图 5-2 画布中的坐标

表 5-2 与画布有关的事件

事　件	说　明
Dragged	拖曳事件
Flung	划动事件
TouchDown	按下事件
TouchUp	抬起事件
Touched	触碰事件,由触碰按下动作和触碰抬起动作组成

图 5-3　事件

手指在 A 点单击，按下时产生 TouchDown 事件，抬起时产生 TouchUp、Touched 事件；手指从 A 点按下移动到 C 点，在 A 点产生 TouchDown 事件，移动中产生 Dragged 事件，在 C 点产生 TouchUp 事件。

在本案例中希望机器人小车与拖动小球所在位置间有图 5-4 所示的对应关系。

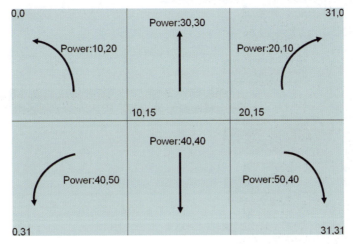

图 5-4　对应效果

保留原有连接、断开以及过程，程序新增以下内容。

（1）屏幕加载时将小球置于画布中心，如图 5-5 所示。

（2）建立全局变量 X、Y，如图 5-6 所示。

图 5-5　将小球置于画布中心　　　图 5-6　建立全局变量 X、Y

（3）拖动小球的指令。在这一事件的指令中，需要判断小球所在的位置，为此将画布设为 6 个区域，当全局变量 Y 值小于或等于 16 时（$Y=currentY/10$），小球处于画布的上方，让机器人前进，同时考虑全局变量 X 所处的位置，$X\leqslant10$ 则左转，X 处于 10～20 则直行，$X\geqslant20$ 则右转。

当全局变量 Y 值大于 16 时（$Y=currentY/10$），小球处于画布的下方，让机器人后退，

同时考虑全局变量 X 所处的位置，$X \leqslant 10$ 则左转，X 处于 $10 \sim 20$ 则直行（后退），$X \geqslant 20$ 则右转。

如果在不同的区域移动小球，就可以控制机器人进行左转、右转、前进、后退的运动。拖动小球的指令如图 5-7 所示。

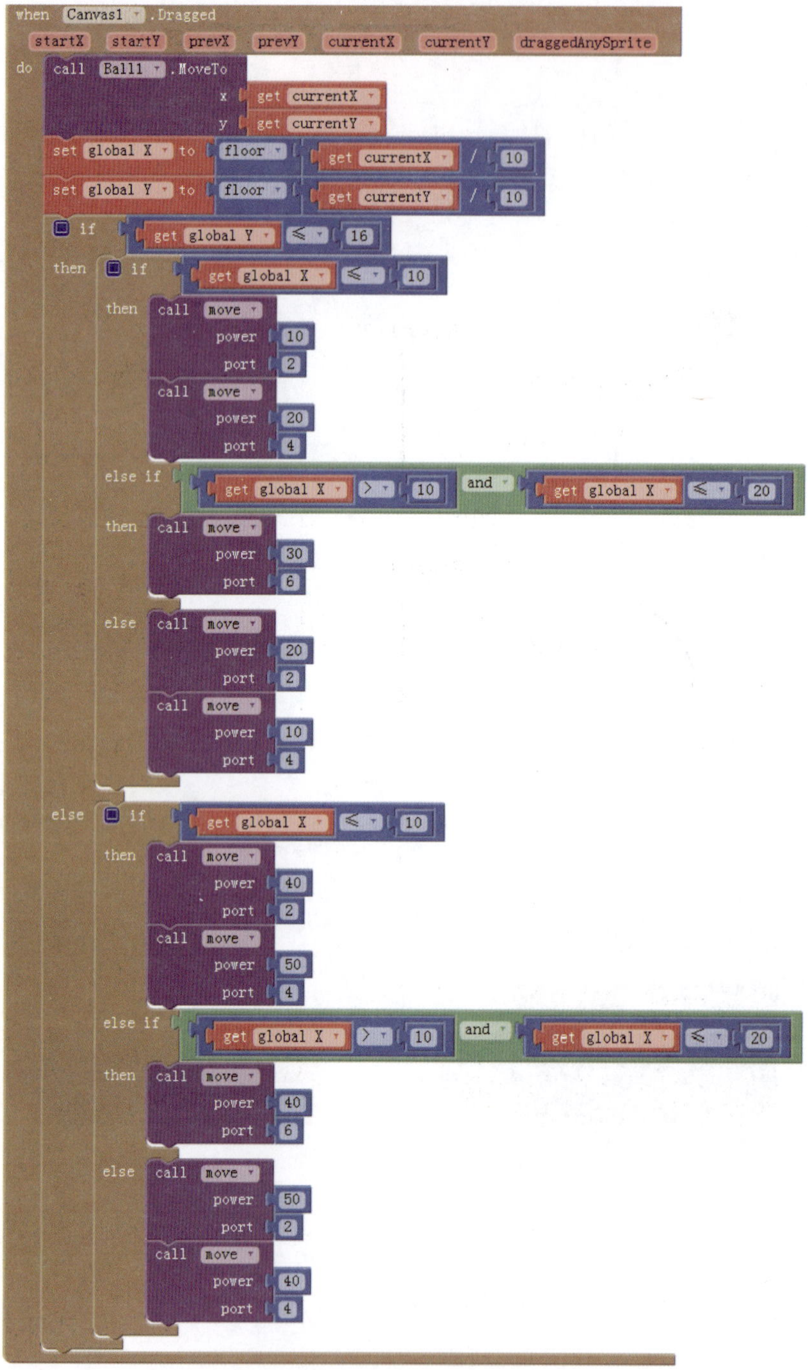

图 5-7　拖动小球的指令

5.2　方向传感器控制机器人运动

手机方向传感器（Orientation Sensor）又称为姿态传感器，可以通过检测 3 个轴旋转的角度值定位手机的几何状态，如图 5-8 所示。

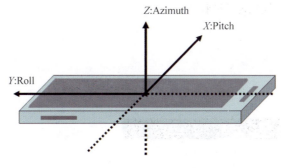

图 5-8　手机几何状态参数

- 翻转角（Roll）：当设备水平放置时，其值为 0°，并随着向左倾斜到竖直位置时，其值为 90°，而当向右倾斜至竖直位置时，其值为 -90°。
- 倾斜角（Pitch）：当设备水平放置时，其值为 0°。随着设备顶部向下倾斜至竖直时，其值为 90°，继续沿相同方向翻转，其值逐渐减小，直到屏幕朝向下方的位置，其值变为 0°。同样，当设备底部向下倾斜直到指向地面时，其值为 -90°，继续沿同方向翻转到屏幕朝上时，其值为 0°。
- 方位角（Azimuth）：当设备顶部指向正北方向时，其值为 0°，指向正东方向时为 90°，指向正南方向时为 180°，指向正西方向时为 270°。

以上测量的前提是假设设备本身处于非移动状态。

案例 5.2　方位传感器与机器人运动

任务描述

设计一个 App 程序，通过将手机旋转控制机器人的运动方向。

学习目标

- 学习手机方向传感器的使用，了解如何描述手机所处的角度。
- 学习使用方向传感器控制机器人的运动。

步骤 1　UI 设计如图 5-9 所示。

步骤 2　向浏览界面中加入按钮和图片，设置如表 5-3 所示。

与机器人运动、停止、蓝牙连接有关的程序模块与其他程序相同，不再赘述。

（1）由于使用方位传感器不易将电动机完全停止，所以要设置停止与重启模块指令，如图 5-10 所示。

图 5-9　UI 设计

表 5-3　属性设置

组　件	所属组别	命　名	作　用	属性设置
ListPicker	User Interface	ListPickerConnect	列表	Text："连接蓝牙设备"
Button	User Interface	Start	按钮	Text："Start"
Button	User Interface	Stop	按钮	Text："Stop"
Button	User Interface	But_disconnect	按键	Text："断开"
BluetoothClient1	Connectivity	BluetoothClient1	蓝牙通信	
OrientationSensor	Sensors	OrientationSensor1	方位检测	

```
when  Stop  .Click
do    call  Stop
            Port    6
      set  OrientationSensor1 . Enabled  to  false

when  Start  .Click
do    set  OrientationSensor1 . Enabled  to  true
```

图 5-10　停止与重启指令

（2）机器人的 6 种运动状态如表 5-4 所示。

96

表 5-4　机器人的 6 种运动状态

Pitch	[0,90]		[−90,0]	
Roll	[−10,10]	直行	[−10,10]	后退
	[10,90]	左转	[10,90]	左转
	[−90,−10]	右转	[−90,−10]	右转

（3）了解表 5-4 中 6 种状态，则方位传感器的指令就可完成，如图 5-11 所示。

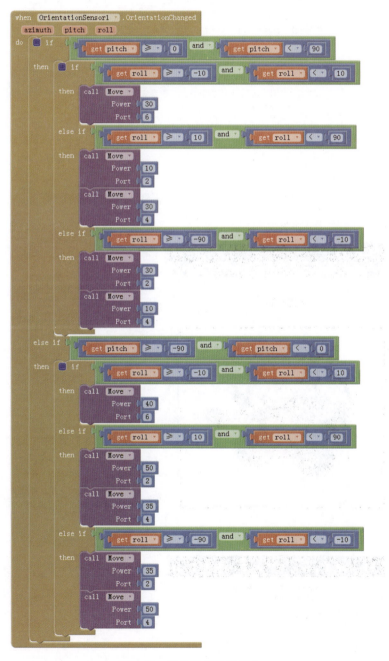

图 5-11　方位传感器的指令

97

5.3 语音识别

目前手机都具有将语音输入转为文字的功能，本节介绍如何通过语音控制机器人的运动。

案例 5.3 语音控制机器人运动

任务描述

设计一个 App 程序，通过输入语音指令，控制机器人的运动方向。

学习目标

- 学习手机中语音识别功能的使用，了解如何安装和设置第三方的语音识别程序。
- 学习如何用语音指令控制机器人运动。

步骤 1　UI 设计如图 5-12 所示。

图 5-12　UI 设计

步骤 2　向浏览界面中加入按钮和图片,设置如表 5-5 所示。

表 5-5　属性设置

组　　件	所 属 组 别	命　　名	作　用	属 性 设 置
ListPicker	User Interface	ListPicker1	列表	Text:"连接机器人"
Canvas	Drawing and Animation	Canvas1	按键	BackgroundImage:EV3.gif
TextBox	User Interface	TextBox1	文本框	Text:"　"
Button	User Interface	Button1	按键	Text:"输入指令"
Button	User Interface	Disconnect	按键	Text:"断开连接"
BluetoothClient1	Connectivity	BluetoothClient1	蓝牙通信	
SpeechRecognizer	User Interface	SpeechRecognizer1	语音识别	

SpeechRecognizer 组件本身并没有语音识别功能,而是要调用其他程序来实现语音的识别,因此如果想使用这一功能就要在手机中安装语音识别程序,安卓系统可以使用的语音程序有 Google 的语音搜索、百度的语音助手以及讯飞语音等。由于国内不便使用 Google,建议使用百度语音助手或讯飞语音,这两者在编程时稍有区别。本案例选用讯飞语音,Logo 如图 5-13 所示。

图 5-13　本案例中所用语音程序

选择系统默认的语音识别程序可以在安卓的"设定"→"控制"→"语言和输入"→"语音识别器"中设定。

步骤 3　在模块编辑窗口中编辑程序。

与机器人运动、停止、蓝牙连接有关的程序模块与其他程序相同,不再赘述。

(1) 调用 SpeechRecognizer1 输入声音,并将语音转化为文字,如图 5-14 所示。

图 5-14　SpeechRecognizer1 指令

(2) 控制机器人指令如图 5-15 所示。

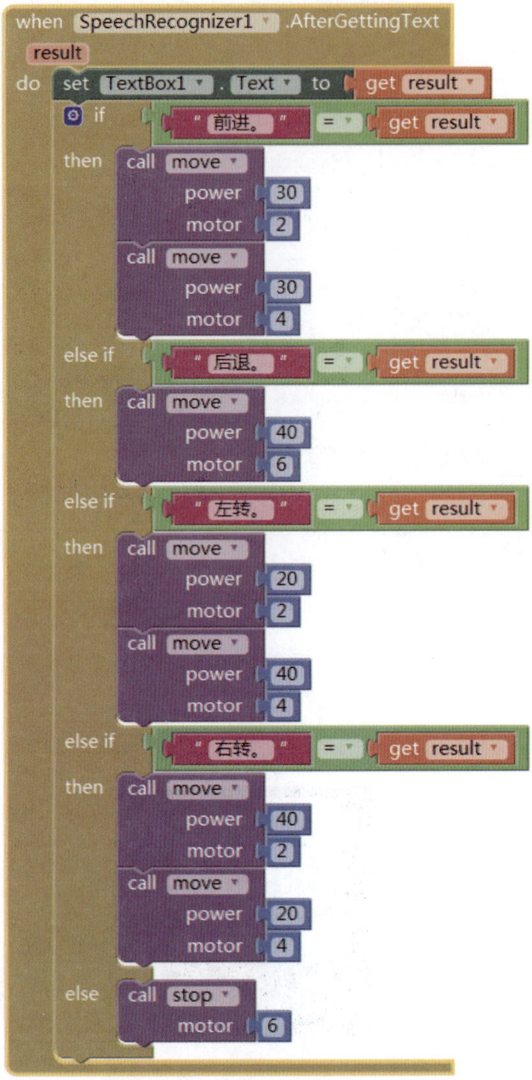

图 5-15　控制机器人指令

5.4　加速度传感器

加速度传感器是一种能够测量物体加速度的电子设备。显示物体的运动姿态,原理为牛顿第二定律 $F=Ma$,可以用于侦测晃动,并测出加速度 3 个维度分量的近似值,单位为 m/s^2,坐标如下。

(1) X 分量:当手机在平面上静止时,其值为零;当手机向左倾斜时(即右侧升起),其值为正;而向右倾斜时(左侧升起),其值为负。

(2) Y 分量:当手机在平面上静止时,其值为零;当手机顶部抬起时,其值为正;而当底部抬起时,其值为负。

（3）Z 分量：当设备屏幕朝上地静止在与地面平行的平面上时，其值为 9.8（地球的重力加速度）；当垂直于地面时，其值为 0；当屏幕朝下时，其值为 −9.8。无论是否由于重力的原因，让手机加速运动，都会改变它的加速度分量值。

案例 5.4　加速度传感器的应用

 任务描述

设计一个 App 程序，通过摆动手机，获得报时与机器人传感器的检测值。

 学习目标

- 学习手机中语音和时间模块功能的使用。
- 学习加速度传感器功能的使用。

步骤 1　UI 设计如图 5-16 所示。

图 5-16　UI 设计

步骤 2　向浏览界面中加入控件，设置如表 5-6 所示。

表 5-6 属性设置

组件	所属组别	命名	作用	属性设置
Label	User Interface	L1	标签	Text:"端口 1,输入 0;端口 2,输入 1"
Label	User Interface	L2	标签	Text:"端口 3,输入 2;端口 4,输入 3"
HorizontalArrangement	Layout	HorizontalArrangement1	布局	
Label	User Interface	L3	标签	Text:"输入端口:"
TextBox	User Interface	TextBox1	输入	Text:" " Hint:0
ListPicker	User Interface	ListPicker1	列表	Text:"连接蓝牙设备"
Button	User Interface	Disconnect	按键	Text:"断开" Visible:F
Label	User Interface	StateMsg	标签	Text:"检测值"
BluetoothClient	User Interface	BluetoothClient1	蓝牙通信	
Clock	Sensors	Clock1	时间	TimerInterval:500 TimerEnabled:F
TextToSpeech	Media	TextToSpeech1	文声转换	
AccelerometerSensor	Sensors	AccelerometerSensor1	检测加速度	

步骤 3 在模块编辑窗口中编辑程序。

与机器人蓝牙连接有关的程序模块以及传感器输入过程指令与其他程序相同,不再赘述。

(1)要想检测传感器需要调用计时器指令,为了确保 EV3 成功连接上手机,所以属性设置中将计时器 TimerEnabled 设置为"不可用"。

(2)由于用到了文本语音转换模块。所以在程序启动时引入了语音指令,如图 5-17所示。

图 5-17 程序启动语音指令

(3)计时器指令,如图 5-18 所示。

(4)通过摆动事件采集传感器的值,要记录采集时的时间,用到计时器模块,可以在这里将计时器 TimerEnabled 属性设置为"可用",如图 5-19 所示。

图 5-18　计时器指令

图 5-19　当摆动时显示在文本框和发出声音的指令

5.5　扫描二维码控制机器人运动

二维码其实就是由很多 0、1 组成的数字矩阵。二维条码/二维码是用某种特定的几何图形按一定规律在平面(二维方向上)分布的黑白相间的图形记录数据符号信息的;二维码因为可以存储信息而有很广泛的应用,在机器人的控制方面,同样可以使用二维码。

可以使用二维码生成器,或二维码在线制作等方式生成二维码,如图 5-20 所示。用两个数表示运行时间和方向,前一个数表示运行时间,后一个数用 0 或 1 表示向前或向后运动。"12,1"信息依次代表"机器人运行时间为 12 秒,运行方向向前",即机器人向前运动 12 秒,生成二维码如图 5-20 所示。

希望制作一个程序可以调用二维码扫描器,读取对机器人的指令信息,为此需要下载二维码扫描器,下载网址为：http://bcs.apk.r1.91.com/data/upload/apkres/2015/2_14/11/com.google.zxing.client.android_112024836.apk。下载后将这一 apk 安装在手机上,在程序中就可以调用,如图 5-21 所示。

做完这些工作以后就可以编写程序了。

103

图 5-20　二维码

图 5-21　安装二维码扫描器

案例 5.5　使用二维码扫描器

 任务描述

设计一个 App 程序,通过调用二维码扫描器,获得机器人运动的指令。

学习目标

- 学习如何制作一个二维码。
- 学习如何调用二维码扫描器并获得指令。
- 学习列表的使用。
- 学习计时器的应用。

步骤1　UI 设计如图 5-22 所示。

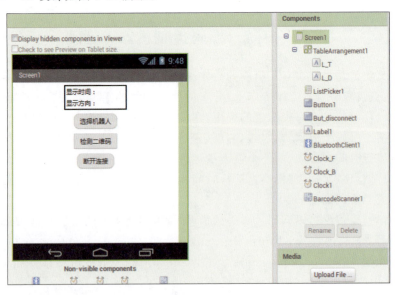

图 5-22　UI 设计

步骤 2 向浏览界面中加入按钮和图片,设置如表 5-7 所示。

表 5-7 属性设置

组 件	所 属 组 别	命 名	作 用	属 性 设 置
Screen			屏幕	AppName:扫描指令
TableArrangement	Layout	TableArrangement1	表格	Columns:2 Rows:2
Label	User Interface	L_T	标签	Text:"显示时间:"
Label	User Interface	L_D	标签	Text:"显示方向:"
ListPicker	User Interface	ListPicker1	列表	Text:"选择机器人"
Button	User Interface	Button1		Text:"检测二维码"
Button	User Interface	But_disconnect	按键	Text:"断开连接"
Label	User Interface	Label1	标签	Text:" "
BarcodeScanner	Sensors	BarcodeScanner1	扫描	
BluetoothClient	Connectivity	BluetoothClient1	蓝牙通信	
Clock	Sensors	Clock_F	计时器	TimerInterval:1000 TimerEnabled:F
Clock	Sensors	Clock_B	计时器	TimerInterval:1000 TimerEnabled:F
Clock	Sensors	Clock1	计时器	TimerInterval:1000 TimerEnabled:T

步骤 3 在模块编辑窗口中编辑程序。

与机器人蓝牙连接有关的程序模块与其他程序相同,不再赘述。

(1) 建立全局变量,如图 5-23 所示。

(2) 调用扫描指令,如图 5-24 所示。

图 5-23 全局变量

图 5-24 扫描指令

(3) 扫描结果显示如图 5-25 所示。

设置两个标签的作用就是要在测试过程中确认获得了两个符合要求的数据。

(4) 根据获得的方向指令(第二个数据)确定开启哪一个计时器,如图 5-26 所示。

(5) 针对不同计时器的开启,可以决定机器人的运动过程,如图 5-27 或图 5-28 所示。

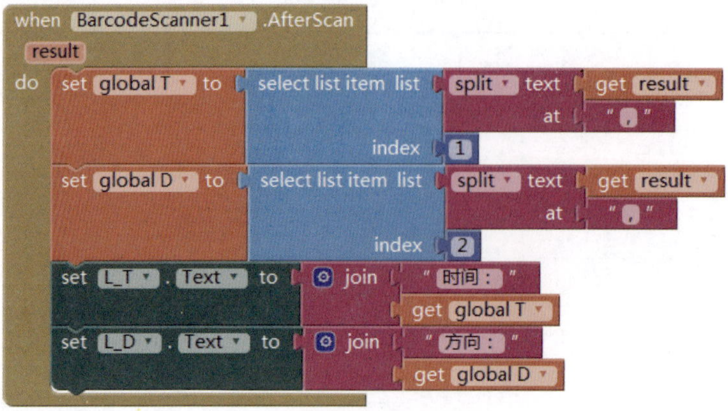

图 5-25　将结果赋值给变量

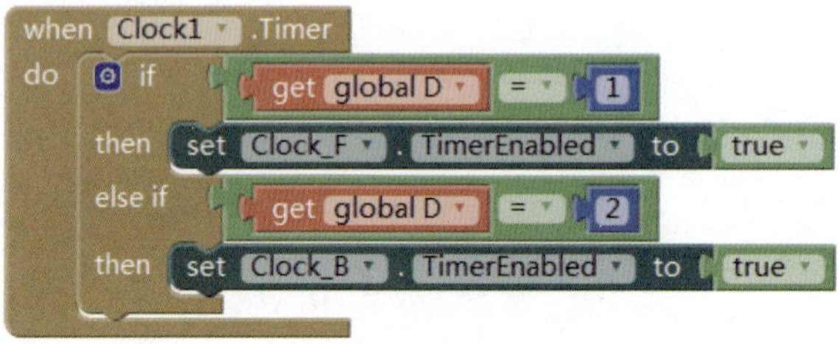

图 5-26　计时器指令

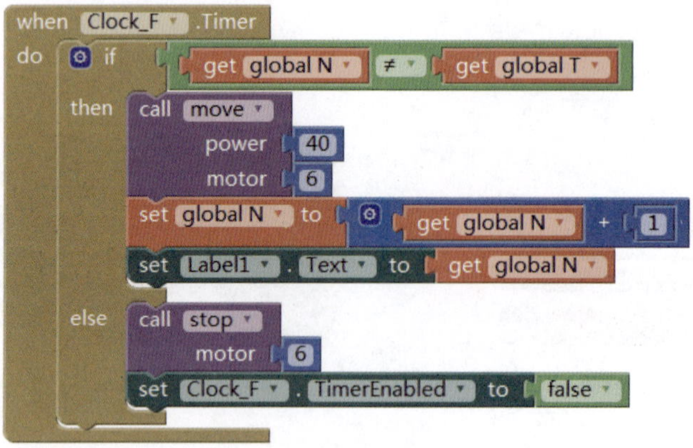

图 5-27　机器人指令一

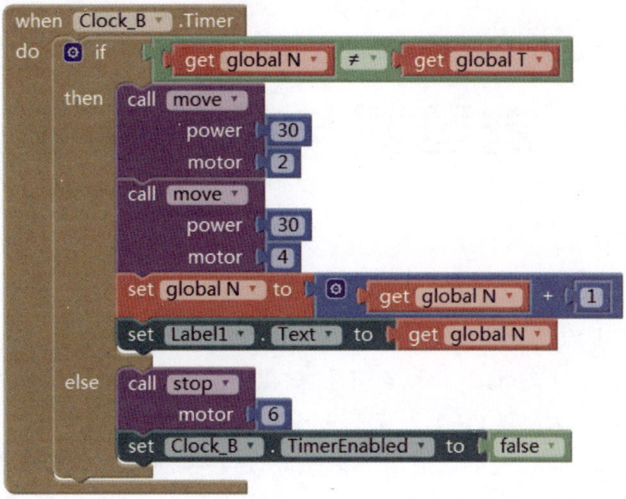

```
when  Clock_B ▼ .Timer
do    ⚙ if        get global N ▼  ≠ ▼  get global T ▼
      then  call move ▼
                  power    30
                  motor    2
            call move ▼
                  power    30
                  motor    4
            set global N ▼ to  ⚙  get global N ▼  +  1
            set Label1 ▼ . Text ▼ to  get global N ▼
      else  call stop ▼
                  motor    6
            set Clock_B ▼ . TimerEnabled ▼ to  false ▼
```

图 5-28　机器人指令二

第6章 浏览器与数据交互

手机的一个重要应用就是可以很方便地提供网络信息的支持,这也是目前智能产品的一个发展方向,将手机与网络相结合不仅提供了更多通信的方式,如微信、QQ、飞信等,而且使数据交互更为广泛,任何一部智能手机都可以作为网络终端使用,可以获得网络中的各种数据信息,同时也可以成为数据来源,通过手机自带的传感器或是外接的检测装置将检测的数据上传网络与人分享。

6.1 浏 览 器

案例 6.1 如何获取网络信息

 任务描述

设计一个 App 程序,实现网络浏览功能。

 学习目标

- 学习 WebViewer 组件使用。
- 学习文本模块的应用。

步骤 1 UI 设计如图 6-1 所示。
步骤 2 向浏览界面中加入组件,设置如表 6-1 所示。

表 6-1 属性设置

组 件	所属组别	命 名	作 用	属 性 设 置
Screen	User Interface		屏幕	AppName:浏览器
Button	User Interface	Btn_Back	按键	Text:"<"
Button	User Interface	Btn_Home	按键	Text:"主页"
Button	User Interface	Btn_Forward	按键	Text:">"
Button	User Interface	Scanner	按钮	Text:"扫描"
TextBox	User Interface	TextBox1	文本框	Text:" "
Button	User Interface	Btn_Go	按键	Text:"Go"
WebViewer	User Interface	WebViewer1	浏览器	HomeUrl: http://www.baidu.com
Clock	Sensors	Clock1	计时器	TimerInterval:1000

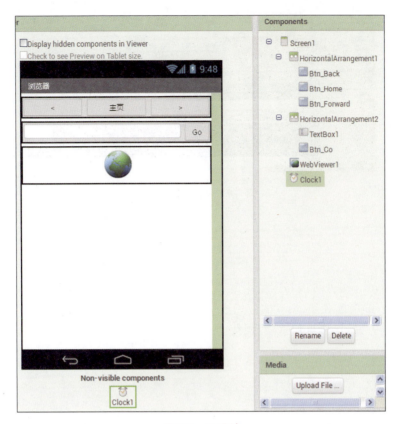

图 6-1　UI 设计

步骤 3　在模块编辑窗口中编辑程序。

（1）主页可以在属性中进行设置，也可以在模块编辑中添加，分别设置主页、向前、返回 3 个按钮的指令，如图 6-2 所示。

（2）设置计时器模块指令，可以随时判断导航按钮的前进、后退键是否可用，如图 6-3 所示。

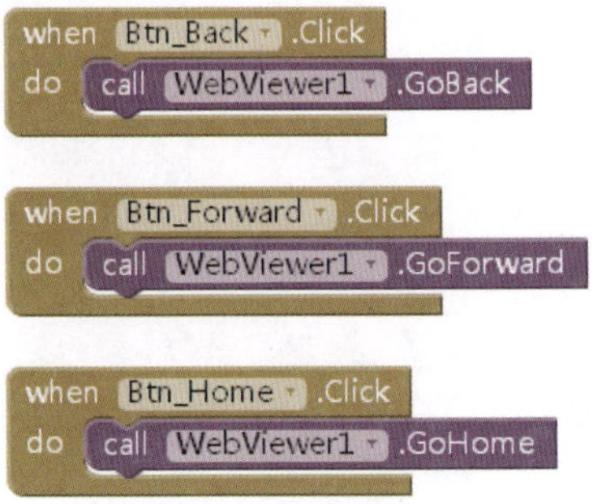

图 6-2　设置主页按钮指令 　　　　　图 6-3　计时器模块指令

（3）设置主页指令如图 6-4 所示。

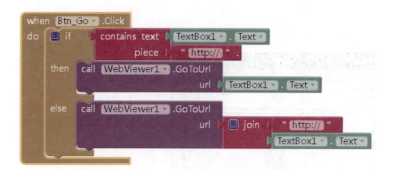

图 6-4　设置主页指令

6.2　JavaScript 交互

App Inventor 组件可以与网页中的 JavaScript 进行交互,这样可以极大地扩展 App Inventor 的使用功能,使得 App 的应用可以更好地借鉴一些传统设计方案,在对一些外接设备的控制方面,操作更加直观、便捷。

案例 6.2　App Inventor 与 JavaScript 交互

 任务描述

在 App 中制作一个表盘,可以通过改变输入数据的方式控制表盘的读数,如图 6-5 所示。

图 6-5　表盘效果

学习目标

• 学习 WebViewer 组件使用。

- 了解 JavaScript 源代码。
- 了解 JavaScript 与 App Inventor 交互效果。

在这里为了使程序简化,利用滑动条控制表盘显示的数据,在实际应用中可以通过与机器人的连接方式,将传感器采集的数据通过表盘显示出来。

步骤 1　UI 设计如图 6-6 所示。

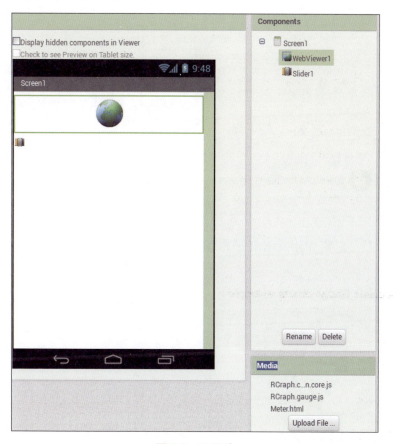

图 6-6　UI 设计

步骤 2　向浏览界面中加入组件,设置如表 6-2 所示。

表 6-2　属性设置

组　件	所属组别	命　名	作　用	属　性　设　置
WebViewer	User Interface	WebViewer1	显示 JavaScript	HomeUrl：file:///mnt/sdcard/AppInventor/assets/Meter.html
Slider	User Interface	Slider1	输入数据	MaxValue：100 MinValue：10

(1)其中动画效果是由于使用了 JavaScript 文件,各种 JavaScript 文件取自 http://www.rgraph.net 网站,该网站提供大量用 JavaScript 制作的各种案例,可以下载,如图 6-7 所示。

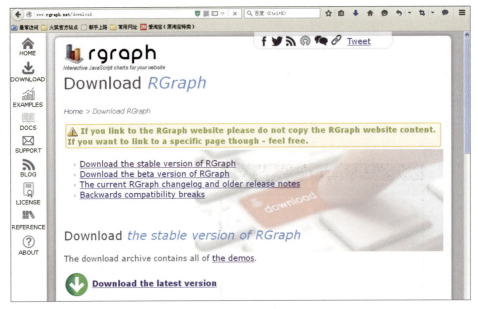

图 6-7　各种案例

（2）下载后可以根据用户喜好进行选择，如本案例中选择了 basic-gauge.html，如图 6-8 所示。

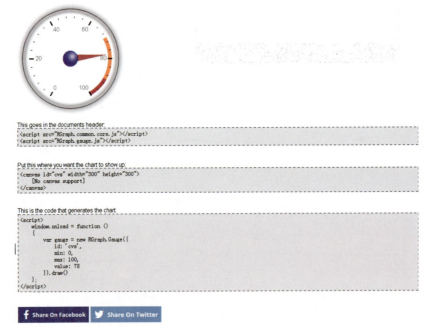

图 6-8　选择 basic-gauge.html

（3）将 basic-gauge. html 和网页上涉及的 RGraph. common. core. js、RGraph. gauge. js、demos. css 文件放入一个文件夹中，并用 dreamweaver 或其他网页编辑软件打开 basic-gauge. html，源代码显示如图 6-9 所示。

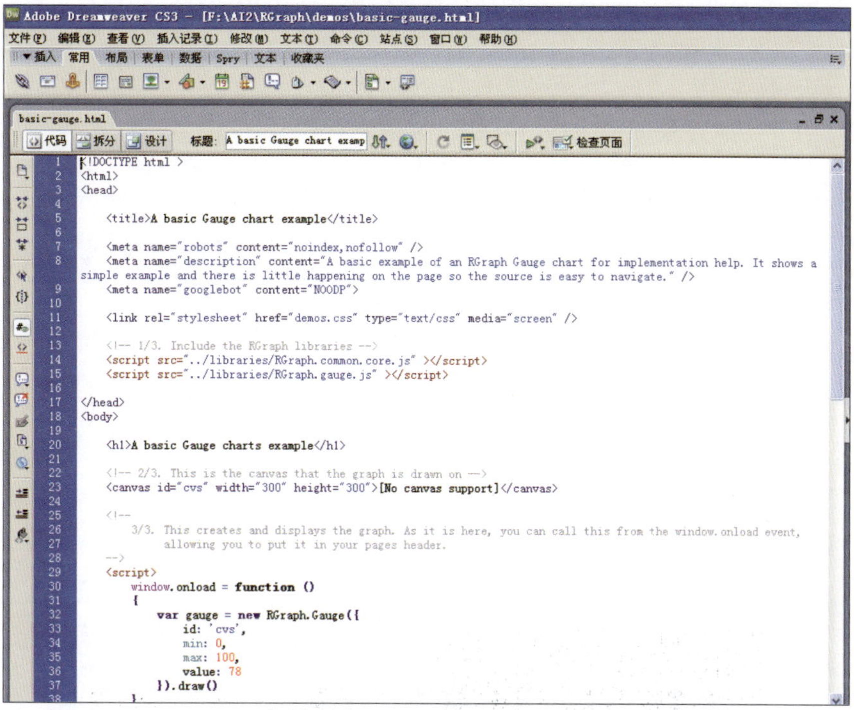

图 6-9　源代码

对于没有学过网页代码的读者来说，可能有些困难，但目的是通过 App 调用这一表盘效果，其他内容暂不考虑，来观察以下这些代码，代码中有扩展名为 js 的文件，相关代码为

```
<script src="../libraries/RGraph.common.core.js" ></script>
<script src="../libraries/RGraph.gauge.js" ></script>
```

这两条指令是指明这两个文件都是存放于根目录下 libraries 的文件夹中，如果将它们与网页放在同一文件夹中就要改为

```
<script src="RGraph.common.core.js" ></script>
<script src="RGraph.gauge.js" ></script>
```

更改其他代码如下：

```
<html>
<head>
    <script src="RGraph.common.core.js" ></script>
    <script src="RGraph.gauge.js" ></script>
</head>
 <body>
```

```
<h1>A basic Gauge chart</h1>
<canvas id="cvs" width="300" height="300"></canvas>
<script>
   var speed=+window.AppInventor.getWebViewString();
   window.onload = function ()
    {
       var gauge =new RGraph.Gauge({
           id: 'cvs',
           min: 0,
           max: 100,
           value: speed,
       }).draw();
    };
</script>
</body>
</html>
```

将网页文件另存为 Meter. html。

其中,window. AppInventor. getWebViewString()是让获得 App Inventor 组件传递的数值。如果是 window. AppInventor. setWebViewString(),则将 JavaScript 的值传回 App Inventor 组件。最后要将网络中涉及的 JavaScript 文件上传到 Media 文件夹中。

步骤 3   在模块编辑窗口中编辑程序,如图 6-10 所示。

图 6-10   编辑程序

可以观察 JavaScript 与 App Inventor 交互的效果。

值得注意的是,在调试时,WebViewer 的属性设置为 HomeUrl:file:///mnt/sdcard/AppInventor/assets/Meter. html,但如果希望打包 apk 并下载到计算机中,就要将属性设置更改为 HomeUrl:file:///android_asset/Meter. html,否则在手机上不能正确显示。

6. 3   ActivityStarter

ActivityStarter(程序启动器)可以在安卓系统中调用其他的 App 程序,这样就可以使 App Inventor 的功能得到扩展。通过程序启动器调用的应用程序可以是其他 App Inventor 2 应用程序、手机中原有应用程序、Web 搜索程序、浏览器、谷歌地图等。

根据不同的程序可以有不同的调用方法。

(1) 第一类针对安卓操作系统的原有应用程序,如照相机等,需要设置 3 个参数,即 Action、ActivityPackage、ActivityClass,如调用相机程序。

ActivityPackage:com. tencent. mm

```
ActivityClass:com.tencent.mm.ui.LauncherUI
```

（2）开启手机中的 Web 浏览器，并打开指定网页，需设定以下内容。

```
Action:android.intent.action.VIEW
DataUri:http://www.baidu.com (指定网址)
```

（3）启动邮件并指定内容。

```
Action:android.intent.action.VIEW
DataUri:mailto:634580305@qq.com
```

或

```
Action:android.intent.action.VIEW
DataUri:mailto: 634580305@qq.com?subject=Hello &where are you
```

启动邮件后可以看到收件者（634580305@qq.com）、信件标题（Hello）、内容（where are you）都已设定完成。

（4）启动 Google 地图并显示指定位置。

```
Action:android.intent.action.VIEW
DataUri:geo:39,-116? z=23
```

其中，23 表示显示为最大值。

（5）启动其他 App Inventor 2 应用程序。

启动其他 App Inventor 2 应用程序需要设置 ActivityPackage 和 ActivityClass 两个参数。

如何获得这两个参数呢？这就需要分析一下 App Inventor 2 应用程序的源代码，源代码文件的扩展名为 aia，可以视为压缩文件。下面以 deferenttask. aia 为例说明如何设置这两个参数。首先用压缩软件将其打开，找到 youngandroidproject/project. properties 文件，用写字板软件打开这一文件，内容如下：

```
main=appinventor.ai_Q58B4DFBD24B3BBBB045A9A081A844F90.deferenttask.Screen1
name=deferenttask
assets=../assets
source=../src
build=../build
versioncode=1
versionname=1.0
useslocation=False
aname=deferenttask
```

其中第一行去掉"main＝"就是 ActivityClass 参数，将这一参数的最后部分". Screen1"去掉就是 ActivityPackage 参数，即

```
ActivityClass:appinventor.ai_Q58B4DFBD24B3BBBB045A9A081A844F90.deferenttask.
Screen1
ActivityPackage:appinventor.ai_Q58B4DFBD24B3BBBB045A9A081A844F90.deferenttask
```

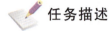

案例 6.3　调用已有手机程序

任务描述

在 App 中制作一个可以打开相机、微信、录音机的程序。

学习目标

- 学习使用 ActivityStarter1 组件。

步骤 1　UI 设计如图 6-11 所示。

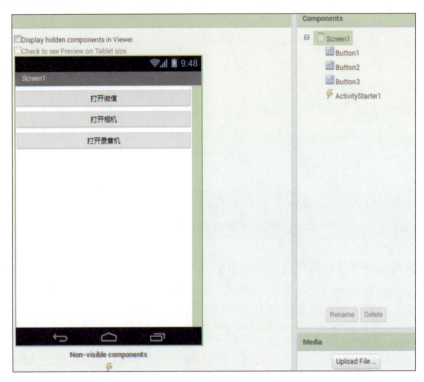

图 6-11　UI 设计

步骤 2　向浏览界面中加入组件,设置如表 6-3 所示。

表 6-3　组件设置

组　　件	所 属 组 别	命　　名	作　用	属 性 设 置
Button	User Interface	Button1	按钮	Text:"打开微信"
Button	User Interface	Button2	按钮	Text:"打开相机"
Button	User Interface	Button3	按钮	Text:"打开录音机"
ActivityStarter	Connectivity	ActivityStarter1	启动程序	

步骤 3　编写程序。

为 3 个按钮分别编写指令,如图 6-12 所示。

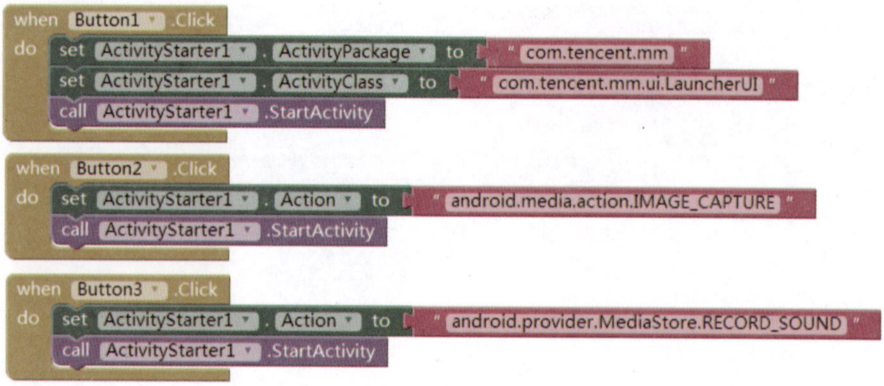

图 6-12   按钮指令

也可以直接使用 App Inventor 的 Camera 元件，这里是说明如何利用 ActivityStarter 来启动相机。

6.4   数据的交互应用

以往要想获得某种信息，可以通过浏览专用网站来获取。随着网络技术的发展，各种数据量的增加，用户已不再满足于在浏览器中获取数据的方式，人们可以通过 Web 服务（Web Service）更直接地获取各种专用数据，如股票行情、天气预报等。百度或是 Google 等网站目前都提供各种 Web 服务，本节以在线获取翻译信息为例，说明如何通过 App 手机应用程序访问 API(应用程序接口)获取数据。本节选用有道翻译数据接口，在线翻译应用的数据来源是有道翻译网，相关的技术文档可以参见 http://fanyi.youdao.com/openapi。如果希望在开发 App 时使用这一网站所提供的数据，需要事先申请一个密钥（key），读者可以登录 http://fanyi.youdao.com/openapi? path=data-mode，注册账号，获得密钥，只有申请密钥后才可以在开发中获取必要的数据，申请密钥界面如图 6-13 所示。

申请后获得密钥如图 6-14 所示。

API 提供的数据有规定的格式，在 URL 中包含请求者密钥信息，有些还规定了其他一些可选的参数，想从某个 API 获得资源，就要仔细阅读 API 提供的开发文档，并依照文档中的说明设置自己的数据请求指令。

数据接口：

```
http://fanyi.youdao.com/openapi.do? keyfrom = < keyfrom > &key = < key > &type =
data&doctype=<doctype>&version=1.1&q=要翻译的文本
```

在这一链接中，需要输入开发者的 API KEY。

使用 Web 客户端访问 Web API 需要注意指令的设置，关于这一点可以参考 API 提供的开发文档，同时由于 Web 的某种原因，API 返回的数据通常以 JSON 或 XML 的格式返回，因此要对这些返回的数据结构进行仔细分析才能合理地呈现出来。

| 首 页 | 添加网页模块 | 调用数据接口 | 经典案例 |

有道翻译数据接口是什么？有道翻译提供了翻译和查词的数据接口。通过数据接口，您可以获得一段文本的翻译结果或者查词结果。

为什么要使用数据接口？通过调用有道翻译API数据接口，您可以在您的网站或应用中更灵活地定制翻译和查词功能。

申请key（在使用有道翻译API前，您需要先申请key）

网站名称：	APPinventor2	6~18个字符，包括字母/数字/连字符，开头和结尾必须是字母或数字
网站地址：	http://ckjywz.lezhiyun.com/cms/ckedu/jyxw/87.jhtml	在此填写应用所在网站或应用的支持网站
网站说明：	APP inventor for LEGO	在此描述您的网站或应用，不超过200字
联系方式：	13621186261	电话/邮箱皆可

☑ 我接受 有道翻译API使用条款

[申请]

图 6-13　申请密钥界面

有道翻译API申请成功

API key : 7667765

keyfrom : APPinventor2-1

创建时间：2016-01-31
网站名称：APPinventor2-1
网站地址：http://ckjywz.lezhiyun.com/cms/ckedu/index.htm

图 6-14　获得密钥

JSON 数据介绍：JSON(JavaScript ObjecNotation)用于表达一种结构化的数据，易于读写，适用于机器解析或生成，为说明这一数据结构，可以参考 http://fanyi.youdao.com/openapi? path=data-mode 所提供的参考格式。

JSON 数据格式举例：

```
http://fanyi.youdao.com/openapi.do? keyfrom=<keyfrom>&key=<key>&type=
data&doctype=json&version=1.1&q=good
{
    "errorCode":0
    "query":"good",
    "translation":["好"],                      //有道翻译
    "basic":{                                   //有道词典-基本词典
        "phonetic":"gʊd"
```

```
    "uk-phonetic":"gʊd"                    //英式发音
    "us-phonetic":"gʊd"                    //美式发音
    "explains":[
        "好处",
        "好的",
        "好"
    ]
},
    "web":[                                //有道词典–网络释义
    {
        "key":"good",
        "value":["良好","善","美好"]
    },
    {...}
    ]
}
```

案例 6.4　交互数据的使用

 任务描述

在 App 中制作一个在线翻译 App。

学习目标

- 学习制作一个在线翻译 App。
- 学习如何解析 JSON 数据的信息。

步骤 1　UI 设计如图 6-15 所示。

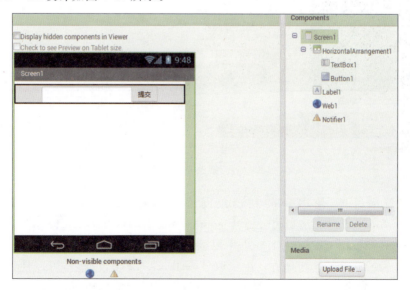

图 6-15　UI 设计

步骤2　向浏览界面中加入组件，设置如表 6-4 所示。

表 6-4　属性设置

组　件	所属组别	命　名	作　用	属性设置
HorizontalArrangement	Layout	HorizontalArrangement1	布局	
TextBox	User Interface	TextBox1	输入	Hint："请输入要翻译的词汇"
Button	User Interface	Button1	提交	Text："提交"
Label	User Interface	Label1	显示	Text：" "
Web	Connectivity	Web1	网络	
Notifier	User Interface	Notifier1	显示消息	

步骤3　编写程序。

（1）定义两个变量，如图 6-16 所示。

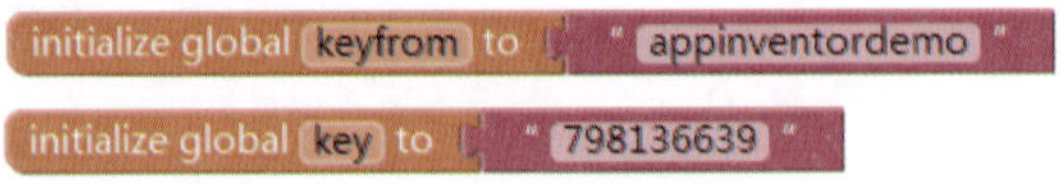

initialize global keyfrom to " appinventordemo "
initialize global key to " 798136639 "

图 6-16　定义变量

keyfrom 与 key 这两个变量的值是在官网申请到的密钥，在每次请求接口时都需要附带。

（2）提交按钮的指令，如图 6-17 所示。

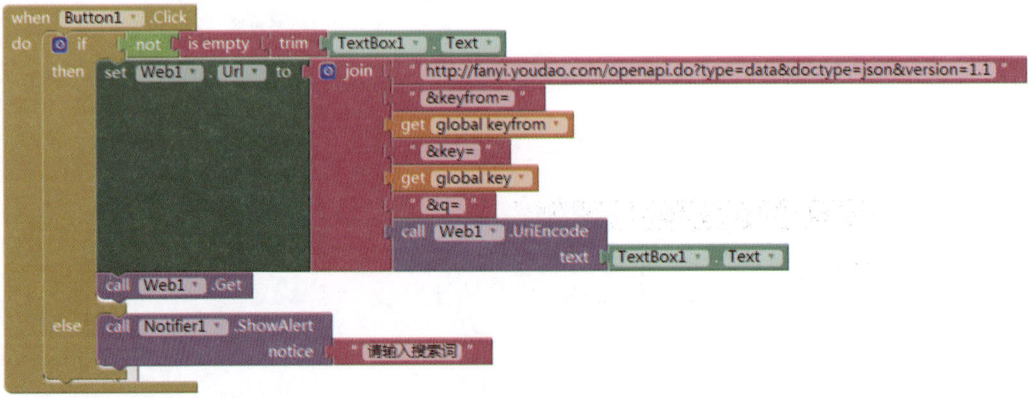

when Button1 .Click
do if not is empty trim TextBox1 . Text
then set Web1 . Url to join "http://fanyi.youdao.com/openapi.do?type=data&doctype=json&version=1.1"
"&keyfrom="
get global keyfrom
"&key="
get global key
"&q="
call Web1 .UriEncode text TextBox1 . Text
call Web1 .Get
else call Notifier1 .ShowAlert notice "请输入搜索词"

图 6-17　提交按钮指令

通过字符串拼接（使用 join）拼凑出网络请求的 API 地址如下：http://fanyi.youdao.com/openapi.do? keyfrom=appinventordemo&key=798136639&type=data&doctype=json&version=1.1&q=要翻译的文本。

这里有一个需要注意的地方：在获取 TextBox1.Text 数据后，可以使用 Web1 的 UriEncode 过程对其进行编码。这主要是为了符合互联网的 API 请求规范，避免出现中文乱码问题。

（3）Web1 接收 API 返回的数据并且进行处理的指令，如图 6-18 所示。

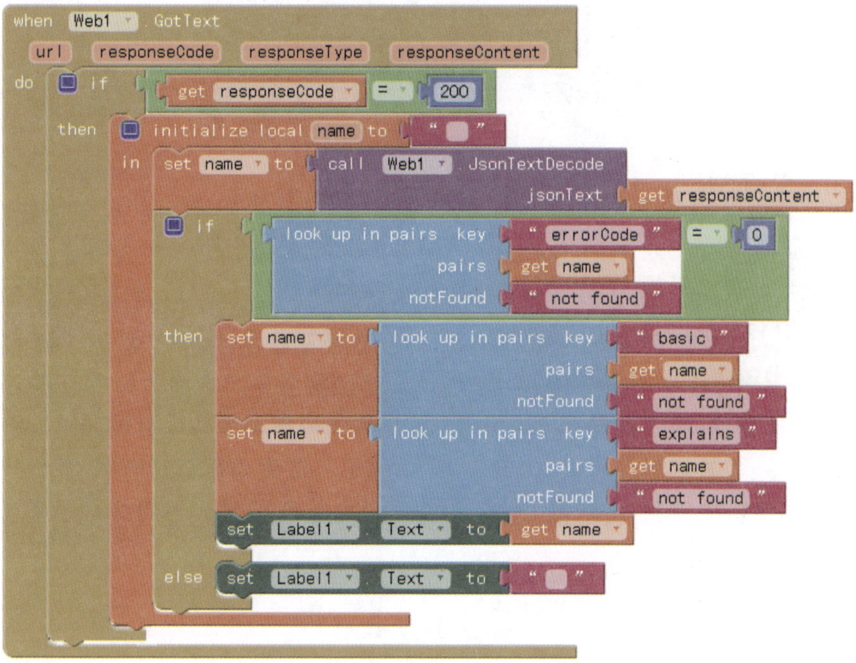

图 6-18　返回数据处理指令

简要说明一下上面的程序。

Web 组件进行网络请求执行 GotText 时会返回 4 个数据，分别是 url、responseCode、responseType、responseContent。这里比较关心两个数据，即 responseCode 与 responseContent。其中，responseCode 是响应状态码，如果响应状态码是 200，表示服务器响应成功，能正常获取到数据。此外，如果是 404 表示未找到文件、500 表示服务器内部错误、408 表示请求超时等。感兴趣的读者可以上网搜索"HTTP 状态码"了解相关知识。当 responseCode 的值为 200 时，就可以顺利读取服务器返回的内容 responseContent 了。API 返回的数据都在 responseContent 中，接下来的任务就是按照 API 文档定义的 JSON 数据格式对 responseContent 进行解析，从而提取出想要的数据。

得到的 responseContent 是一个完整的符合规范的 JSON 格式，其形式类似下面所示。

```
{
    "errorCode":0
    "query":"good",
}
```

一个规范的 JSON 文件：花括号｛｝里面包含的是 tag-value（这是一种＜键-值＞对应关系）集合。比如上面的例子，这个 JSON 数据键值集合结构如下：

键 errorCode，对应值 0。

键 query，对应值 good。

对于这种＜键-值＞关系的数据，直接使用 look up in pairs key，如图 6-19 所示。

图 6-19　JSON 数据

解析：第一个参数表明需要查询的键 key；第二个参数表明在哪个＜键-值＞集合 pairs 中进行查询；第三个参数表明如果在集合中查询不到东西时需要返回什么内容。

在本案例中，首先是把 Web 请求返回的 responseContent 这个 JSON 数据存储在变量 name 中。具体代码如图 6-20 所示。

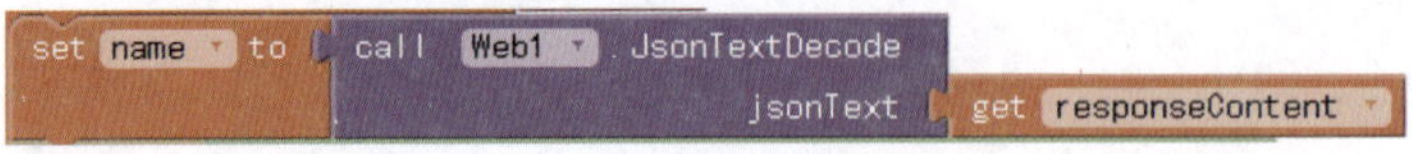

图 6-20　JSON 数据代码

然后，开始解析 name 这个 JSON 数据。"磨刀不误砍柴工"，在进行具体解析时，不妨先认真分析一下有道翻译 API 返回的具体 JSON 格式：

```
{
    "errorCode":0
    "query":"good",
    "translation":["好"],                    //有道翻译
    "basic":{                                //有道词典–基本词典
        "phonetic":"gʊd"
        "uk-phonetic":"gʊd"                  //英式发音
        "us-phonetic":"gʊd"                  //美式发音
        "explains":[
            "好处",
            "好的"
            "好"
        ]
    },
    "web":[                                  //有道词典–网络释义
        {
            "key":"good",
            "value":["良好","善","美好"]
        },
        {...}
    ]
}
```

比较关心的字段有两个，一个是 errorCode，另一个是 basic。因为根据有道翻译的 API 文档，只有 errorCode 等于 0，表明这次接口调用正常，返回的数据正确。而 basic 里面存储着查询词的发音及具体解释，需要展示给用户的就是 basic 里面的 explains。

现在 name 变量里面存储着许多＜键-值＞集合，需要从中查询 errorCode 与 basic。首先查询 errorCode 字段的值，并且判断 errorCode 的值是否为 0。具体代码如图 6-21

图 6-21 判断 errorCode 的值

所示。

若 errorCode 的值是 0,表明数据正确,需进一步解析读取 basic,如图 6-22 所示。

图 6-22 读取 basic

从<键-值>集合 name 中查询 basic 的值,并且覆盖存储在 name 中,这样 name 的数据变为

```
{
    "phonetic":"gʊd"
    "uk-phonetic":"gʊd"                    //英式发音
    "us-phonetic":"gʊd"                    //美式发音
    "explains":[
        "好处",
        "好的"
        "好"
    ]
}
```

当然,这也是符合 JSON 规范的数据,也是<键-值>集合。于是,继续解析,读取 explains 字段,覆盖存储在 name 中,如图 6-23 所示。

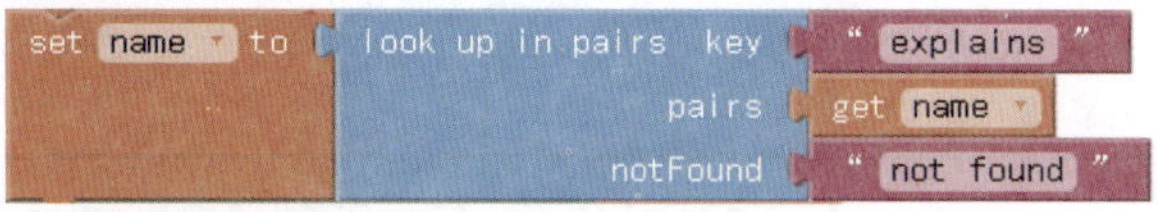

图 6-23 读取 explains 字段

这样,name 的值变为

```
[
    "好处",
    "好的"
    "好"
]
```

至此,explains 解析完毕,得到了翻译内容,具体如图 6-24 所示。

图 6-24 展现翻译内容

6.5 网络数据库的使用

在前面的章节中,学习了如何使用 TinyDB 进行数据存储,其特点是数据只能本地存储。如果想共享数据到其他的设备中或者想把数据分享给他人,TinyDB 就无能为力了,这时就需要一个网络的数据库。在一台设备中把数据存储到某个网络数据库中,然后在其他设备中通过一定的规则就可以读取出相应的数据了,从而实现了数据的跨设备分享。

目前,实现数据的网络存储可以有两种办法:一种是直接使用 App Inventor 内置的 TinyWebDB 组件;另一种是自己搭建一个 Web 服务器,该 Web 服务器应提供相应的数据存取接口。两者各有优劣,下面简要进行分析。

TinyWebDB:可以看成是 TinyDB 的 Web 版本,该组件的使用与 TinyDB 相似,也遵循 StoreValue 与 GetValue 协议。如果一个应用需要存储的数据格式比较简单,而且数据量比较小,使用 TinyWebDB 比较合适。TinyWebDB 在默认情况下将数据存储到 http://appinvtinywebdb.appspot.com 这个网络数据库中。由于国内的网络原因,目前这个网站无法访问。所幸的是,国内一些 App 爱好者也提供了 TinyWebDB 服务器,如 http://www.17coding.net/,使得一些初学者可以很方便地将数据通过网络进行共享。如果数据不是很复杂,使用 TinyWebDB 仍不失是一个简单可行的办法。

案例 6.5 数据的网络共享(1)

 任务描述

实现数据的网络共享。

 学习目标

- 通过 TinyWebDB 将数据上传到服务端。
- 通过手机终端 App 获得共享数据。

步骤 1 UI 设计如图 6-25 所示。
步骤 2 向浏览区中加入控件,设置如表 6-5 所示。

表 6-5 属性设置

组　件	所属组别	命　名	作用	属　性　设　置
Label	User Interface	Label3	标签	Text:"存数据"
TableArrangement	Layout	TableArrangement1	布局	Columns:2 Rows:3
Label	User Interface	Label1	标签	Text:"Tag:"
textbox	User Interface	textboxtag	输入	Text:"　"
Label	User Interface	Label2	标签	Text:"Value:"
textbox	User Interface	textboxvalue	输入	Text:"　"
Button	User Interface	Button1	按钮	Text:"提交"

续表

组　件	所属组别	命　名	作用	属 性 设 置
TinyWebDB	Storage	TinyWebDB1	存储	ServiceURL：http://tinywebdb. 17coding. net
Notifier	User Interface	Notifier1	提示	

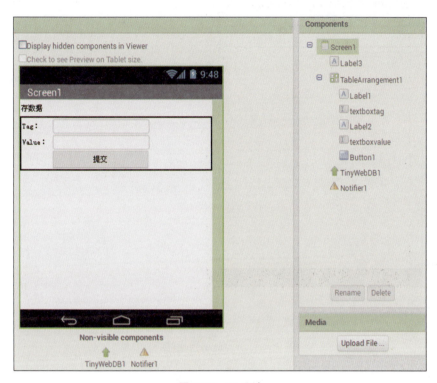

图 6-25　UI 设计

步骤 3　在模块编辑窗口中编辑程序，如图 6-26 所示。

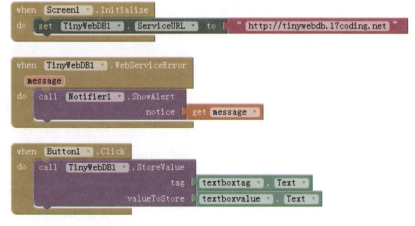

图 6-26　程序指令

步骤 4 接收方 UI 设计如图 6-27 所示。

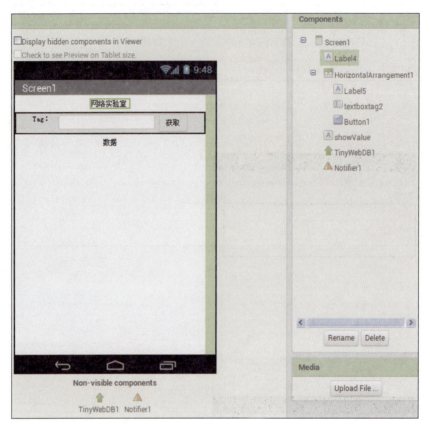

图 6-27 接收方 UI 设计

步骤 5 向浏览区中加入控件,设置如表 6-6 所示。

表 6-5 属性设置

组 件	所 属 组 别	命 名	作用	属 性 设 置
Label	User Interface	Label1	标签	Text:"网络实验室"
HorizontalArrangement	Layout	HorizontalArrangement1	布局	
Label	User Interface	Label2	标签	Text:"Tag:"
textbox	User Interface	textboxtag	输入	Text:" "
Button	User Interface	Button1	标签	Text:"获取"
Label	User Interface	showValue	输出	Text:"数据"
TinyWebDB	Storage	TinyWebDB1	存储	ServiceURL:http://tinywebdb.17coding.net
Notifier	User Interface	Notifier1	提示	

步骤 6 在模块编辑窗口中编辑程序,如图 6-28 所示。

数据格式复杂且数据量大,TinyWebDB 就不适用了,这主要是由于 StoreValue 与 GetValue 协议本身的限制所决定的。此时可以通过自建 Web 服务器的方法来满足

第 6 章　浏览器与数据交互

图 6-28　接收端程序设计

需求。

自建 Web 服务器的好处是可以自己选择数据的存储方式（如可以选择使用文件存储或者使用 mysql、access 等成熟的数据库产品）、自己设计数据的存储结构、自己定义数据的传输格式、自己定义 API 等，一切都是灵活的。但是这也要求用户有比较丰富的 Web 开发知识。通过自建 Web 服务器，数据的存取就转化为网络 API 的调用。服务器对外提供两种 API 形式：一种是数据存储 API，其 API 格式可以是类似于 http://www.xxx.com/uploadData? data＝123&uid＝1；另一种是数据查询 API，其 API 格式可以是类似于 http://www.xxx.com/getData? uid＝1。通过数据存储 API 将数据存入服务器，通过调用数据查询 API 获取相应的数据。

案例 6.6　数据的网络共享（2）

 任务描述

实现 EV3 传感器数据的网络共享。

 学习目标

- 上传一台 EV3 设备的传感器数据到服务端。
- 从服务端获取到该设备最新的传感器数据。

1. 服务器与数据存储格式

先定义 EV3 的传感器数据的存储格式：一条合理的传感器数据记录应该至少包含设备号、采集时间、传感器数值。当然，如果采集到传感器的类型与模式那就更完整了。

由于传感器的采集数据量较大、数据格式比较复杂，因此采用了自建 Web 服务器的形式提供数据的存取服务。自建 Web 服务器过程比较繁杂，涉及知识比较多，限于篇幅，就不进行详细介绍了。感兴趣的读者可以自行查阅相关知识，从无到有构建一套。

127

本案例中,编者根据数据存储格式,采用 Java EE 框架,使用 MySQL 进行数据存储,搭建了一个简单的传感器数据存取 Web 服务器。本服务器提供了传感器数据上传与查询的 API,读者可以直接使用。

上传传感器数据到服务器的 API 格式是:http://120.27.92.230/SensorDataServer/UploadDataServlet? uid＝XXX&data＝XXX&type＝XXX&mode＝XXX 。其中,uid 是设备号(用户可以随意命名);data 是传感器的具体数据;type 是传感器的类型;mode 是传感器的模式。至于采集数据的时间,无须用户手动传输了,在服务器端根据数据传输到服务器的时间自动进行记录。

从服务器查询传感器数据的 API 是:http://120.27.92.230/SensorDataServer/GetDataServelet? uid＝XXX。其参数 uid 是设备号,根据该设备号,服务器查询出这台设备最新存储到服务器的传感器数据,并把结果返回给用户。返回结果也是以互联网通用的 JSON 形式存在。其格式为:

```
{"data":"","dataType":"","id":0,"sensorMode":"","sensorType":"","time":"","uid":""}
```

2. 采集并上传传感器数据应用的设计与实现

步骤 1 UI 设计如图 6-29 所示。

图 6-29 UI 设计

步骤 2　向浏览区中加入控件，设置如表 6-7 所示。

表 6-7　属性设置

组　件	所 属 组 别	命　名	作　用	属 性 设 置
ListPicker	User Interface	ListPickerChooseEV3	列表	Text："连接机器人"
VerticalArrangement	Layout	RobotUI	布局	
Button	User Interface	ButtonDisconnection	按钮	Text："断开连接"
HorizontalArrangement	Layout	HorizontalArrangement1	布局	
HorizontalArrangement	Layout	HorizontalArrangement2	布局	
HorizontalArrangement	Layout	HorizontalArrangement3	布局	
Label	User Interface	Label4	标签	Text："设备代号"
TextBox	User Interface	TextBoxUid	让用户输入设备代号	
Label	User Interface	Label1	显示传感器数据	Text："实时数据"
Label	User Interface	Label2	标签	Text："监听端口"
Label	User Interface	LabelPort	显示监听端口	
ListPicker	User Interface	ListPickerChoosePort	列表	Text："选择端口"
Label	User Interface	Label3	标签	Text："启动开关"
Button	User Interface	ButtonStart	按钮	Text："开始接收"
Button	User Interface	ButtonEnd	按钮	Text："停止接收"
Web	Connectivity	Web1	请求接口、获取数据	
Notifier	User Interface	Notifier1	操作提示	
Clock	Sensors	Clock1	定时器	TimerInterval：100
BluetoothClient1	Connectivity	BluetoothClient1	蓝牙通信	BluetoothClient1

步骤 3　在模块编辑窗口中编辑程序。

与机器人蓝牙连接有关的程序模块与其他程序相同，不再赘述。

（1）列表 ListPickerChoosePort 用于让用户选择程序需要监听的传感器端口，可选的有 0、1、2、3 这 4 个端口，分别对应端口 1、端口 2、端口 3 和端口 4，如图 6-30 所示。

（2）监听用户选择的端口所对应的传感器类型及传感器模式，如图 6-31 所示。

```
when  ListPickerChoosePort  . BeforePicking
do   set  ListPickerChoosePort . Elements  to      make a list  0
                                                                 1
                                                                 2
                                                                 3

when  ListPickerChoosePort  . AfterPicking
do   set  global port  to   ListPickerChoosePort . Selection
     set  LabelPort . Text  to   join  " port "
                                      get global port
```

图 6-30　选择传感器端口

```
to get_sensor_type_and_mode  port
result   initialize local  len  to  0
         initialize local  result  to   create empty list
in    do   call  BluetoothClient1 . Send2ByteNumber
                                      number  15
           call  BluetoothClient1 . Send2ByteNumber
                                      number  0
           call  BluetoothClient1 . Send1ByteNumber
                                      number  0
           call  BluetoothClient1 . Send2ByteNumber
                                      number    0 × 1024 + 2
           call  BluetoothClient1 . Send1ByteNumber
                                      number  153
           call  BluetoothClient1 . Send1ByteNumber
                                      number  5
           call  BluetoothClient1 . Send1ByteNumber
                                      number  get global PARAM_1_BYTE
           call  BluetoothClient1 . Send1ByteNumber
                                      number  0
           call  BluetoothClient1 . Send1ByteNumber
                                      number  get global PARAM_1_BYTE
           call  BluetoothClient1 . Send1ByteNumber
                                      number  get port
           call  BluetoothClient1 . Send1ByteNumber
                                      number  get global INDEX_TYPE_GLOBAL
           call  BluetoothClient1 . Send1ByteNumber
                                      number  0
           call  BluetoothClient1 . Send1ByteNumber
                                      number  get global INDEX_TYPE_GLOBAL
           call  BluetoothClient1 . Send1ByteNumber
                                      number  1
           if   call  receiveResponseHeader
                       expectedDataSize  2
           then  initialize local  type  to   call  BluetoothClient1 . ReceiveUnsigned1ByteNumber
                 initialize local  mode  to   call  BluetoothClient1 . ReceiveUnsigned1ByteNumber
                 in  set result  to   make a list  get type
                                                   get mode
         result   get result
```

图 6-31　获取传感器类型以及传感器模式过程

其中几个用到的常量值如图 6-32 所示。

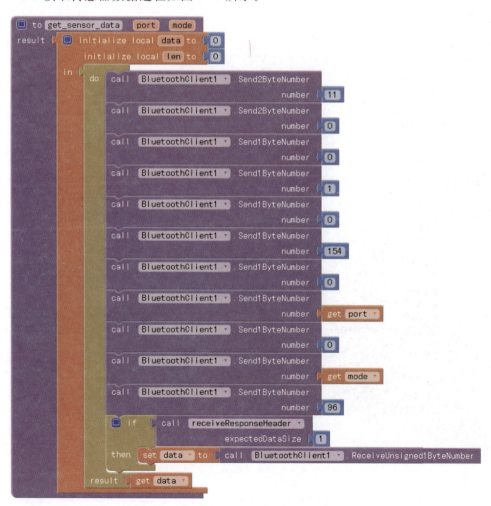

图 6-32　定义常量

这里使用的是 opInput_Device GET_TYPEMODE 过程指令。该指令可以读取到指定端口所连接的传感器类型与模式。需要的主要参数是 port，即所要监听的端口号。调用该指令返回两个字节，第一个字节是传感器类型 type，第二个字节是传感器模式 mode。该指令的细节可以查阅乐高官方提供的 LEGO MINDSTORMS EV3 Firmware Developer Kit 文档。

（3）读取传感器数据过程如图 6-33 所示。

图 6-33　读取传感器数据过程

这里使用的是 opInput_Read 指令。该指令可以读取到指定端口所连接的传感器采集到的具体数据。该指令在前面的章节中已经介绍过,这里不再赘述。

(4)设定一个定时器,定时调用 get_sensor_data 与 get_sensor_type_and_mode,获取到传感器类型、模式、传感器数据及设备代号,最终将这些数据一起发送到服务器端进行存储,如图 6-34 所示。

图 6-34　定时器调用与停止

计时器指令如图 6-35 所示。

图 6-35　计时器指令

(5)其中 Web1 接收服务器的响应,如图 6-36 所示。

细心的读者可以发现,在写 get_sensor_data 与 get_sensor_type_and_mode 两个过程时,使用了一个名为 receiveResponseHeader 的过程。这主要是由于本案例中不断发送两

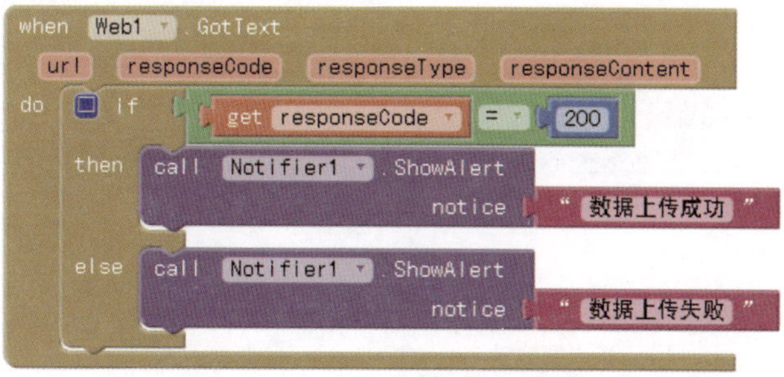

图 6-36　Web1 接收服务器指令

种不同的指令,一个用来获取传感器类型与模式,另一个用来获取传感器采集的数据。这两种指令返回的数据在接收时要加以鉴别,明确哪些数据是第一个指令的返回值,哪些数据是第二个指令的返回值。receiveResponseHeader 过程就是用来实现这个鉴别的功能,receiveResponseHeader 接 收 一 个 参 数 expectedDataSize,该 参 数 表 明 期 望 接 收 expectedDataSize 字节的数据。get_sensor_data 过程需要接收 1 字节的数据,get_sensor_type_and_mode 过程需要接收 2 字节的数据。使用 receiveResponseHeader,若接收到 1 字节的数据,就明白这是属于 get_sensor_data 过程所要的结果,若接收到 2 字节的数据,就明白这是属于 get_sensor_type_and_mode 这个过程所需要的结果。通过使用 receiveResponseHeader,能尽量确保接收数据正确性,不至于使数据错乱,receiveResponseHeader 过程指令,如图 6-37 所示。

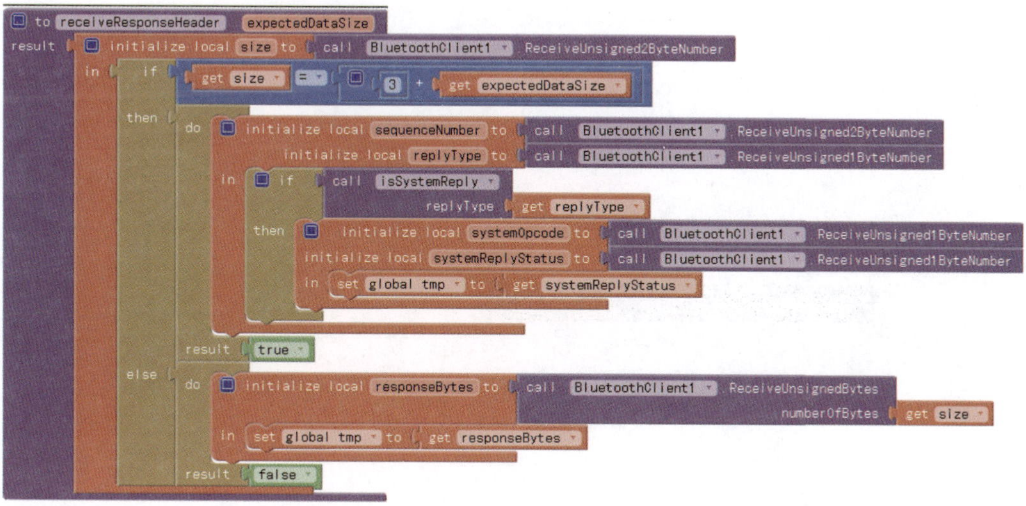

图 6-37　receiveResponseHeader 过程指令

其中还有一个判断是否是系统返回消息的过程,如图 6-38 和图 6-39 所示。

3. 从服务器读取传感器数据

步骤 1　UI 设计如图 6-40 所示。

步骤 2　向浏览区中加入控件,设置如表 6-8 所示。

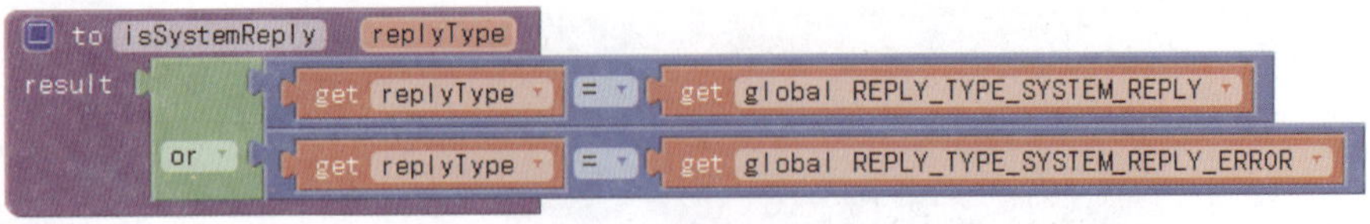

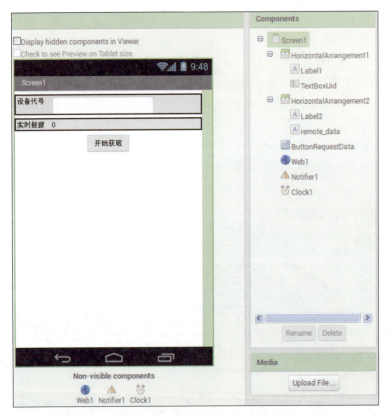

图 6-38　判断指令一

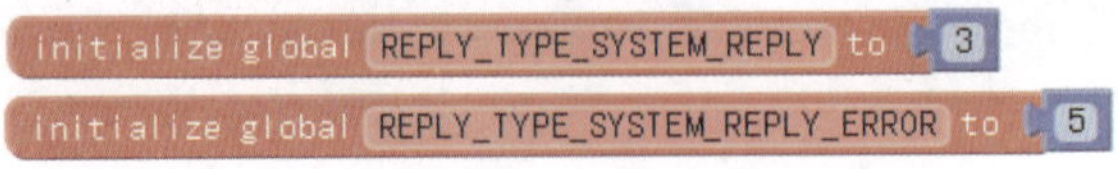

图 6-39　判断指令二

图 6-40　UI 设计

表 6-8　属性设置

组　　件	所属组别	命　　名	作　用	属 性 设 置
HorizontalArrangement	Layout	HorizontalArrangement1	布局	
Label	User Interface	Label1	标签	Text："设备代号"
TextBox	User Interface	TextBoxUid	让用户输入设备代号	

续表

组　　件	所属组别	命　　名	作　用	属性设置
HorizontalArrangement	Layout	HorizontalArrangement2	布局	
Label	User Interface	Label2	标签	Text："实时数据"
Label	User Interface	remote_data	显示传感器数据	
Button	User Interface	ButtonRequestData	按钮	Text："开始获取"
Web	Connectivity	Web1	请求接口、获取数据	
Notifier	User Interface	Notifier1	操作提示	
Clock	Sensors	Clock1	定时器	TimerInterval：100

步骤 3　在模块编辑窗口中编辑程序。

（1）定义变量，用于标识当前定时器是否在运行，如图 6-41 所示。

```
initialize global sound_request_running to  false
```

图 6-41　定义变量

（2）编写计时器指令，不断查询服务器，获取最新的传感器数据，如图 6-42 所示。

```
when Clock1 . Timer
do  set Web1 . Url to  join  " http://120.27.92.230/SensorDataServer/GetDataServlet?uid="
                              TextBoxUid . Text
    call Web1 . Get
```

图 6-42　获取数据

（3）服务器返回一个 JSON 格式数据，进行解析，如图 6-43 所示。

```
when Web1 . GotText
url  responseCode  responseType  responseContent
do  if  get responseCode = 200
    then  initialize local name to  call Web1 . JsonTextDecode
                                         jsonText  get responseContent
    in  set remote_data . Text to  join  look up in pairs key  " data "
                                                        pairs  get name
                                                     notFound  " not found "
                                          " 时间："
                                          look up in pairs key  " time "
                                                        pairs  get name
                                                     notFound  " not found "
    else  call Notifier1 . ShowAlert
               notice  " 数据获取失败 "
```

图 6-43　解析 JSON 数据

解析其中的 data 与 time 两个字段，将其显示在 remote_data 这个 Label 中。

（4）单击 ButtonRequestData 按钮，开启或者关闭定时器，如图 6-44 所示。

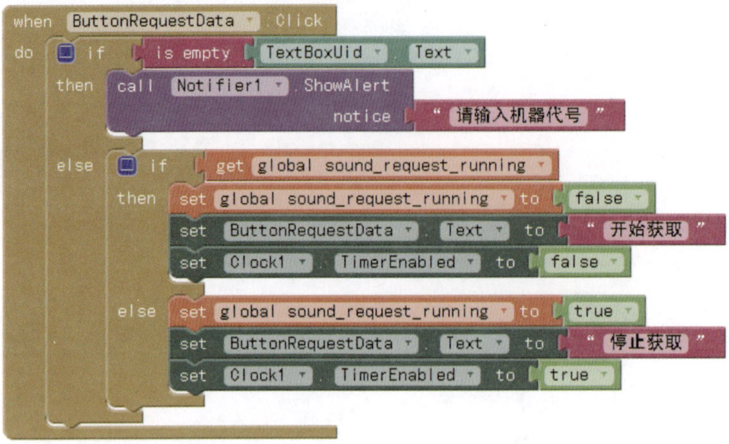

图 6-44　开启或者关闭定时器

第7章 FTC机器人比赛

FTC(FIRST Tech Challenge)机器人科技挑战赛是由美国 FIRST 非营利性机构主办的针对 14~18 岁高中生的国际性机器人比赛。现今每年约 250000 名高中生参加。FIRST 比赛具有设计性和创造性强的特点,给学生提供了一个平台,把课堂上的科技概念运用到现实的项目中。学生面对无尽挑战,提出特有的解决方案,使得学生的各方面潜力都得以发展,综合素质得以提高。自从 2015 年开始 FTC 的规则有了很大的改进,安卓手机作为操控站和机器人控制器首次进入比赛,这也是 App 编程应用研究的一个新的发展。

7.1 认识硬件

新平台分为两部分:操控站(人控部分);机器人控制器(机器人连接部分)。两者通过 Wi-Fi 进行通信,如图 7-1 所示。

图 7-1 操控站与机器人控制器

其中手机最低配置要求为:① QualComm 高通 Snapdragon 骁龙系列 CPU;②Android 4.4;③MicroUSB 端口;④支持 Wi-Fi 直连;⑤支持 Xbox 兼容手柄(如罗技 F310);⑥最低 1GB RAM(2GB 最佳)。

操控站如图 7-2 所示。

机器人控制器如图 7-3 所示。

各部分元件如表 7-1 所示。

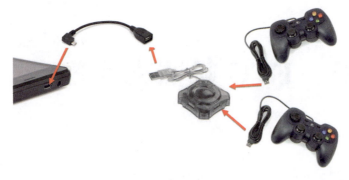

图 7-2 遥控器与手机连接方式

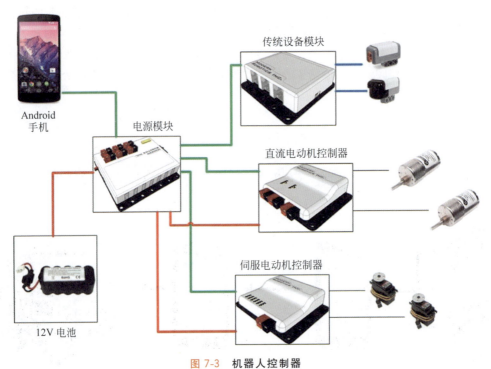

Android
手机

电源模块

传统设备模块

直流电动机控制器

伺服电动机控制器

12V 电池

图 7-3 机器人控制器

表 7-1 元件列表

	总电源模块

续表

	直流电动机控制器
	伺服电动机控制器
	新型传感器模块
	传统设备模块

各元件设备接口模块与功能如表 7-2 所示。

表 7-2　模块与功能

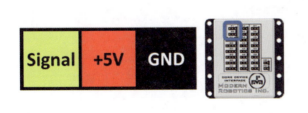

	PWM 接口（2 个）

续表

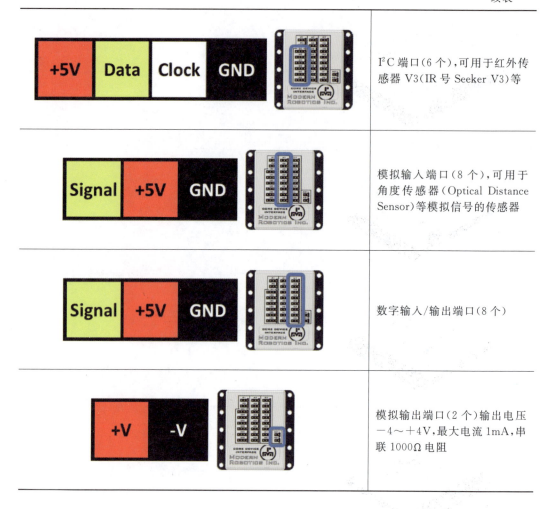		I²C 端口（6 个），可用于红外传感器 V3（IR 号 Seeker V3）等
		模拟输入端口（8 个），可用于角度传感器（Optical Distance Sensor）等模拟信号的传感器
		数字输入/输出端口（8 个）
		模拟输出端口（2 个）输出电压 −4～+4V，最大电流 1mA，串联 1000Ω 电阻

7.2　FTC 手机测试方法

用于 FTC 比赛的手机必须具有安卓系统，并可以安装 App 程序，本节操作是确认所选手机可作为"FTC 操控站"或者作为"FTC 机器人控制器"设备使用。

1. 确认手机可用于"FTC 操控站"的方法

步骤 1　确认手机可成功支持游戏手柄。

（1）开启手机系统"开发者选项"。

打开"系统设置"→"关于手机"，连续多次单击版本号，直至出现确认开启"开发者选项"，如图 7-4 所示。

（2）开启"USB 调试模式"。

打开"开发者选项"→开启"USB 调试"模式，如图 7-5 所示。

步骤 2　确认手机可成功安装并使用"FTC 操控站"App（FTC Driver Station）。

图 7-4　打开"开发者选项"

图 7-5　USB 调试

（1）所需 App 可在 FTC 官网"竞赛资源"中下载（www.firstchina.org.cn/FTC/），如图 7-6 所示。

操控站

机器人控制器

图 7-6　下载比赛所用 App

（2）在 FTC Driver Station 软件中调出手柄数据。

进入 FTC Driver Station，同时按下手柄上 START 键和 A 键（或 START＋B），界面下方会显示手柄信息，如图 7-7 所示。

操控站电量

手柄活动提示

Wi-Fi直连信息显示

机器人控制器电量

机器人电量

选择Op操控模式

控制开关

机器人端信息显示

图 7-7　调出手柄数据

步骤 3　确认所测的手机可通过"WLAN 直连"连接"FTC 机器人控制器"设备。

两部手机均不连网，然后"忘记"或"删除"网络配置，防止手机进行自动 Wi-Fi 连网。选择"WLAN 直连"然后配对连接，如图 7-8 所示。

如果以上步骤都测试成功，则该手机可作为"FTC 操控站"设备使用。

图 7-8　WLAN 直连

2. 确认手机可用于"FTC 机器人控制器"的方法

步骤 1　确认手机可成功安装"FTC 机器人控制器"App(FTC Robot Controller)。

步骤 2　确认手机可成功识别机器人控制器。

进入 FTC Robot Controller→Settings→Configure Robot,单击 Scan 按钮,这时会出现所连接的硬件设备(有可能需提前打开"开发者选项",并开启"USB 调试"模式),如图 7-9 所示。

图 7-9　要连接的硬件设备

将设置好的硬件设备保存,并将设定的硬件组命名,如图 7-10 和图 7-11 所示。

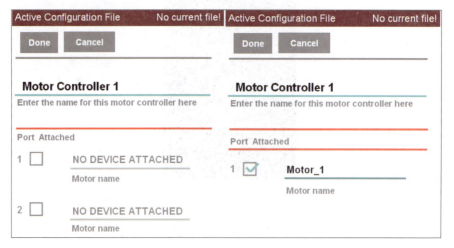

图 7-10　硬件设置

步骤 3　确认所测的手机可通过"WLAN 直连"连接"FTC 操控站"设备。

图 7-11　保存设备

两部手机均不连网,然后"忘记"或"删除"网络配置,防止手机进行自动 Wi-Fi 连网。选择"WLAN 直连",然后配对连接。

进入操控站设置页面,选择 Settings→Pair with Robot Controller 选项,连接到机器人控制器,如图 7-12 所示。

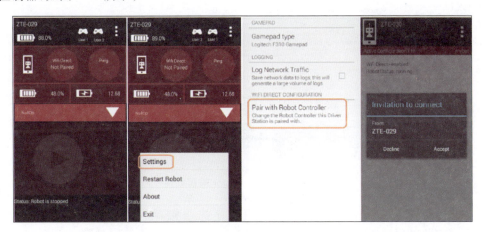

图 7-12　连接到机器人控制器

以上步骤均可测试成功,则该手机可作为"FTC 机器人控制器"设备使用。

7.3　软件准备

1. 下载软件

使用 App Inventor 为 FTC 机器人编程,需用到以下软件。

(1) VirtualBox 虚拟环境,如图 7-13 所示。

这是一款免费的虚拟控制器,安装配置后可在此虚拟环境中运行编程软件 App Inventor。下载地址为:https://www.virtualbox.org/wiki/Downloads,如图 7-14 所示。

最新版本是 VirtualBox-5.0.8-103449-Win.exe。

图 7-13　VirtualBox 虚拟环境

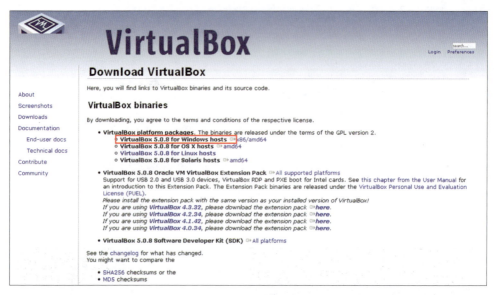

图 7-14　下载程序

（2）App Inventor 编程软件 LocalAppInventor_win.ova，如图 7-15 所示。

图 7-15　App Inventor 编程软件

（3）设计编程工具，可创建 App 应用程序控制机器人。下载地址：http://frc-events.usfirst.org/2015/ftcimages，如图 7-16 所示。

图 7-16　设计编程工具

2. 软件安装

（1）安装 VirtualBox 虚拟环境。

安装过程中注意以下几点。

① 需勾选文件关联选项 register file associations。

② 当出现安装设备软件的提示 would like to install this device software 时，需单击

Install 按钮。

③ 启动 VirtualBox，如图 7-17 所示。

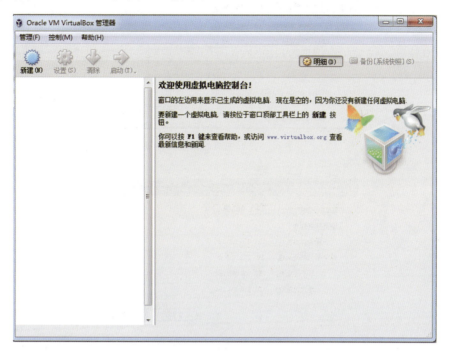

图 7-17　启动 VirtualBox

④ 配置 VirtualBox。进入 VirtualBox，选择"管理"→"全局设定"，如图 7-18 所示。

⑤ 选择"网络"→"仅主机(Host-Only)网络(H)"，编辑网络，如图 7-19 所示。

图 7-18　配置 VirtualBox

图 7-19　设置网络

⑥ 按下列数字设置地址，如图 7-20 和图 7-21 所示。

⑦ 确认设置成功，VirtualBox 网络配置部分完成。

图 7-20　设置主机虚拟网络界面

图 7-21　设置 DHCP 服务器

（2）导入编程软件 App Inventor。

① 在 VirtualBox 主页面选择"管理"→"导入虚拟电脑"菜单命令，如图 7-22 所示。

② 选择下载的 LocalAppInventor_win.ova，如图 7-23 所示。

图 7-22　选择"导入虚拟电脑"菜单命令

图 7-23　选择下载的程序

③ 导入完成，如图 7-24 所示。

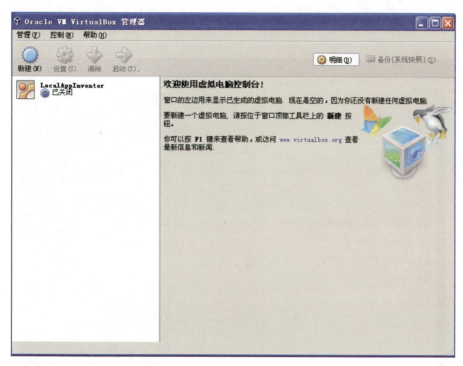

图 7-24　导入完成

（3）启动所选择的虚拟系统，如图 7-25 所示。

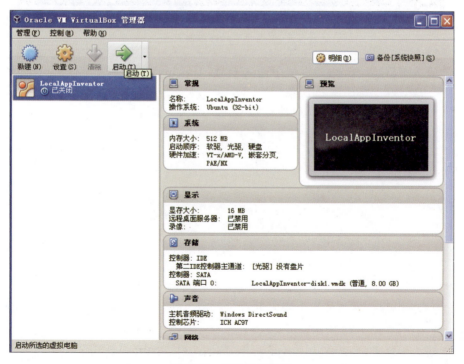

图 7-25　启动虚拟系统

（4）出现虚拟电脑界面，如图 7-26 所示，进入后在界面下方会显示软件状态，并自动切换到 FTC 界面。如果无法自动切换到 FTC 界面，请单击左下角图标进入菜单，单击开锁按钮进入 FTC 界面，如图 7-26 所示。

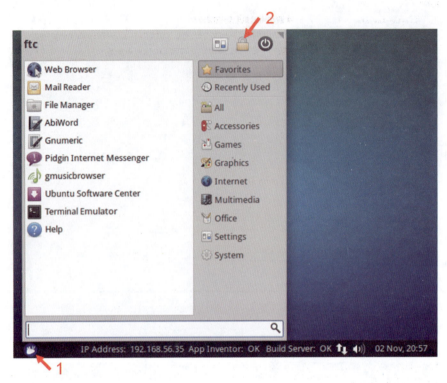

图 7-26   FTC 界面

（5）进入 FTC 界面，在文本框中输入 ftc。App Inventor 导入流程结束，如图 7-27所示。

图 7-27   导入结束

3. 打开 Google 或 Firefox 浏览器、进入编程界面

（1）打开浏览器，在地址栏中输入 http://192.168.56.35:8888，进入登录界面。单击 Log In 按钮，如图 7-28 所示。

（2）进入编程界面，新建一个 App 程序，如图 7-29 和图 7-30 所示。

至此，就可以开始 App 程序的编写了。

图 7-28　单击 Log In 按钮

图 7-29　命名新程序

图 7-30　编程界面

7.4　程 序 训 练

案例 7.1　记录机器人运行时间

 任务描述

编写一个 App 程序记录机器人运行时间。

 **学习目标**

- 学习 FtcRobotController、FtcOpMode 模块的使用。
- Driver station 的设置。

步骤 1　UI 设计如图 7-31 所示。

步骤 2　向浏览区加入所需控件,设置如表 7-3 所示。

图 7-31　UI 设计

表 7-3　属性设置

组　件	所属组别	命　名	作用	属性设置
FtcRobotController	FIRST® Tech Challenge	FtcRobotController1	FTC	Configuration：mybot
FtcOpMode	FIRST® Tech Challenge	FtcOpMode1	FTC	OpModeName：Elapsed Op Mode

步骤 3　在模块编辑窗口中编辑程序，如图 7-32 所示。

图 7-32　程序指令

（1）完成后，生成 APK 文件，安装在手机上，手机屏幕上会出现 App 程序图标。

（2）启动。选择 Settings→Configure Robot→New 选项，由于程序中未配置电动机，直接单击 Save 按钮，配置名为 mybot，如图 7-33 所示。

至此已经完成了与机器人控制的手机的设置。但是单独这样一个设置是不够的，还

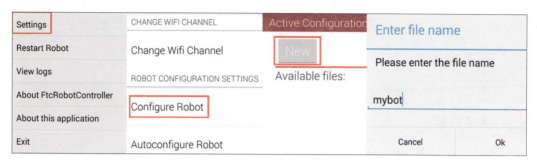

图 7-33　配置电动机

要对与遥控器相连接的手机进行设置。

（3）Driver station 的设置。

进入操控站设置页面，选择 Settings→Pair with Robot Controller 选项，连接到机器人控制器，如图 7-34 所示。

图 7-34　操控站设置

（4）操控站设置完成以后，选择程序 Elapsed Op Mode。程序运行后，在操控站的左下角会显示程序运行的时间，如图 7-35 所示。

图 7-35　显示时间

案例 7.2　电动机自动运行

任务描述

编写电动机自动运行的程序。

学习目标

- 学习 FtcRobotController、FtcOpMode、FtcDcMotor 模块的使用。

因为对于 FTC 机器人控制的 UI 设计并无太大的区别，所以将 UI 视图省略。

步骤 1　向浏览区加入所需控件，设置如表 7-4 所示。

表 7-4　属性设置

组　件	所属组别	命　名	作用	属性设置
FtcRobotController	FIRST® Tech Challenge	FtcRobotController1	FTC	Configuration：mybot
FtcOpMode	FIRST® Tech Challenge	FtcOpMode1	FTC	OpModeName：Elapsed Op Mode
FtcDcMotor	FIRST® Tech Challenge	FtcDcMotor	FTC	DeviceName：motor_1

步骤 2　编写程序，如图 7-36 所示。

```
initialize global power to 0.5

when FtcOpMode1 .Loop
do  set FtcDcMotor1 . Power to get global power
```

图 7-36　编写程序

（1）在机器人（控制器中）下载程序后进入机器人配置界面，单击 Scan 按钮，因为将电动机连接在控制器上，在 Devices 上会有相应的机器人设备，如图 7-37 所示。

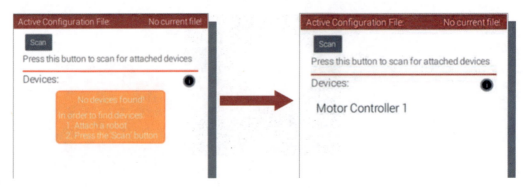

图 7-37　机器人设备显示

（2）进入电动机设置界面，输入名称 motor_1（这一名称要与程序中命名相同），如图 7-38 所示。

图 7-38　电动机设置

（3）保存配置。

操控站设置完成以后，选择程序 Op drive one motor，即可启动自动运行程序。

案例 7.3　手柄遥控机器人

 **任务描述**

手柄遥控机器人程序。

 学习目标

- 学习 FtcRobotController、FtcOpMode、FtcDcMotor、FtcGamepad 模块的使用。

因为对于 FTC 机器人控制的 UI 设计并无太大的区别，所以将 UI 视图省略。

步骤 1　向浏览区加入所需控件，设置如表 7-5 所示。

表 7-5　属性设置

组　　件	所属组别	命　　名	作用	属性设置
FtcRobotController	FIRST® Tech Challenge	FtcRobotController1	FTC	Configuration：robot
FtcOpMode	FIRST® Tech Challenge	FtcOpMode1	FTC	OpModeName：Op drive one motor
FtcDcMotor	FIRST® Tech Challenge	FtcDcMotor	FTC	DeviceName：motor_1
FtcGamepad	FIRST® Tech Challenge	FtcGamepad1	FTC	

步骤 2　编写程序，如图 7-39 所示。

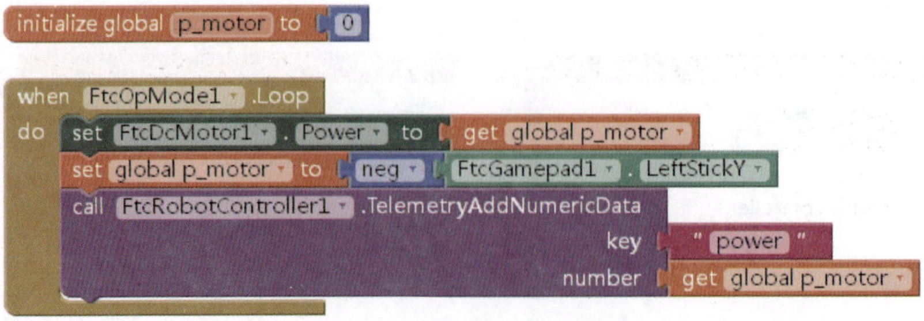

图 7-39　编写程序

运行略。

案例 7.4　机器人检测黑线

任务描述

编写机器人遇到黑线停的程序。

学习目标

- 学习 FtcRobotController、FtcOpMode、FtcDcMotor、FtcOpticalDistanceSensor 模块的使用。

因为对于 FTC 机器人控制的 UI 设计并无太大的区别，所以将 UI 视图省略。

步骤 1　向浏览区加入所需控件，设置如表 7-6 所示。

表 7-6　属性设置

组　件	所属组别	命　名	作用	属性设置
FtcRobotController	FIRST® Tech Challenge	FtcRobotController1	FTC	Configuration：Stop At line EOPD
FtcOpMode	FIRST® Tech Challenge	FtcOpMode1	FTC	OpModeName：robot
FtcDcMotor	FIRST® Tech Challenge	Lift_motor	FTC	DeviceName：Left_drive
FtcDcMotor	FIRST® Tech Challenge	Right_drive	FTC	DeviceName：Right_drive
FtcOpticalDistanceSensor	FIRST® Tech Challenge	FtcOpticalDistanceSensor1		DeviceName：sensor_EOPD

步骤 2　编写程序，如图 7-40 所示。
运行略。

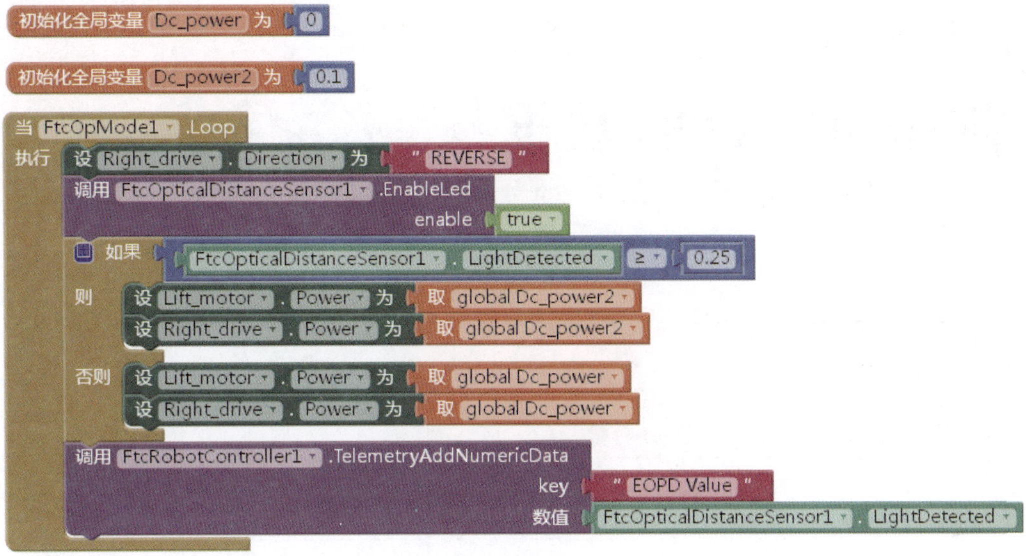

初始化全局变量 Dc_power 为 0

初始化全局变量 Dc_power2 为 0.1

当 FtcOpMode1 .Loop
执行　设 Right_drive . Direction 为 " REVERSE "
　　　调用 FtcOpticalDistanceSensor1 .EnableLed
　　　　　　　　　　　enable true
　　　如果　FtcOpticalDistanceSensor1 . LightDetected ≥ 0.25
　　　则　设 Lift_motor . Power 为 取 global Dc_power2
　　　　　设 Right_drive . Power 为 取 global Dc_power2
　　　否则　设 Lift_motor . Power 为 取 global Dc_power
　　　　　　设 Right_drive . Power 为 取 global Dc_power
　　　调用 FtcRobotController1 .TelemetryAddNumericData
　　　　　　　　　　　key " EOPD Value "
　　　　　　　　　　数值 FtcOpticalDistanceSensor1 . LightDetected

图 7-40　编写程序

附录 A 试验数据

发送值	接收值													
0	10	0	1	0	129	158	2	48	0	1	0			48
1	10	0	1	0	129	158	2	48	0	1	0			49
2	10	0	1	0	129	158	2	48	0	1	0			50
3	10	0	1	0	129	158	2	48	0	1	0			51
4	10	0	1	0	129	158	2	48	0	1	0			52
5	10	0	1	0	129	158	2	48	0	1	0			53
6	10	0	1	0	129	158	2	48	0	1	0			54
7	10	0	1	0	129	158	2	48	0	1	0			55
8	10	0	1	0	129	158	2	48	0	1	0			56
9	10	0	1	0	129	158	2	48	0	1	0			57
10	11	0	1	0	129	158	2	48	0	2	0		49	48
11	11	0	1	0	129	158	2	48	0	2	0		49	49
12	11	0	1	0	129	158	2	48	0	2	0		49	50
13	11	0	1	0	129	158	2	48	0	2	0		49	51
14	11	0	1	0	129	158	2	48	0	2	0		49	52
15	11	0	1	0	129	158	2	48	0	2	0		49	53
16	11	0	1	0	129	158	2	48	0	2	0		49	54
17	11	0	1	0	129	158	2	48	0	2	0		49	55
18	11	0	1	0	129	158	2	48	0	2	0		49	56
19	11	0	1	0	129	158	2	48	0	2	0		49	57
20	11	0	1	0	129	158	2	48	0	2	0		50	48
21	11	0	1	0	129	158	2	48	0	2	0		50	49
22	11	0	1	0	129	158	2	48	0	2	0		50	50
23	11	0	1	0	129	158	2	48	0	2	0		50	51
24	11	0	1	0	129	158	2	48	0	2	0		50	52
25	11	0	1	0	129	158	2	48	0	2	0		50	53
26	11	0	1	0	129	158	2	48	0	2	0		50	54
27	11	0	1	0	129	158	2	48	0	2	0		50	55

续表

发送值	接 收 值													
28	11	0	1	0	129	158	2	48	0	2	0		50	56
29	11	0	1	0	129	158	2	48	0	2	0		50	57
30	11	0	1	0	129	158	2	48	0	2	0		51	48
31	11	0	1	0	129	158	2	48	0	2	0		51	49
32	11	0	1	0	129	158	2	48	0	2	0		51	50
33	11	0	1	0	129	158	2	48	0	2	0		51	51
34	11	0	1	0	129	158	2	48	0	2	0		51	52
35	11	0	1	0	129	158	2	48	0	2	0		51	53
36	11	0	1	0	129	158	2	48	0	2	0		51	54
37	11	0	1	0	129	158	2	48	0	2	0		51	55
38	11	0	1	0	129	158	2	48	0	2	0		51	56
39	11	0	1	0	129	158	2	48	0	2	0		51	57
40	11	0	1	0	129	158	2	48	0	2	0		52	48
41	11	0	1	0	129	158	2	48	0	2	0		52	49
42	11	0	1	0	129	158	2	48	0	2	0		52	50
43	11	0	1	0	129	158	2	48	0	2	0		52	51
44	11	0	1	0	129	158	2	48	0	2	0		52	52
45	11	0	1	0	129	158	2	48	0	2	0		52	53
46	11	0	1	0	129	158	2	48	0	2	0		52	54
47	11	0	1	0	129	158	2	48	0	2	0		52	55
48	11	0	1	0	129	158	2	48	0	2	0		52	56
49	11	0	1	0	129	158	2	48	0	2	0		52	57
50	11	0	1	0	129	158	2	48	0	2	0		53	48
51	11	0	1	0	129	158	2	48	0	2	0		53	49
52	11	0	1	0	129	158	2	48	0	2	0		53	50
53	11	0	1	0	129	158	2	48	0	2	0		53	51
54	11	0	1	0	129	158	2	48	0	2	0		53	52
55	11	0	1	0	129	158	2	48	0	2	0		53	53
56	11	0	1	0	129	158	2	48	0	2	0		53	54
57	11	0	1	0	129	158	2	48	0	2	0		53	55
58	11	0	1	0	129	158	2	48	0	2	0		53	56
59	11	0	1	0	129	158	2	48	0	2	0		53	57
60	11	0	1	0	129	158	2	48	0	2	0		54	48
61	11	0	1	0	129	158	2	48	0	2	0		54	49
62	11	0	1	0	129	158	2	48	0	2	0		54	50
63	11	0	1	0	129	158	2	48	0	2	0		54	51

续表

发送值	接收值													
64	11	0	1	0	129	158	2	48	0	2	0		54	52
65	11	0	1	0	129	158	2	48	0	2	0		54	53
66	11	0	1	0	129	158	2	48	0	2	0		54	54
67	11	0	1	0	129	158	2	48	0	2	0		54	55
68	11	0	1	0	129	158	2	48	0	2	0		54	56
69	11	0	1	0	129	158	2	48	0	2	0		54	57
70	11	0	1	0	129	158	2	48	0	2	0		55	48
71	11	0	1	0	129	158	2	48	0	2	0		55	49
72	11	0	1	0	129	158	2	48	0	2	0		55	50
73	11	0	1	0	129	158	2	48	0	2	0		55	51
74	11	0	1	0	129	158	2	48	0	2	0		55	52
75	11	0	1	0	129	158	2	48	0	2	0		55	53
76	11	0	1	0	129	158	2	48	0	2	0		55	54
77	11	0	1	0	129	158	2	48	0	2	0		55	55
78	11	0	1	0	129	158	2	48	0	2	0		55	56
79	11	0	1	0	129	158	2	48	0	2	0		55	57
80	11	0	1	0	129	158	2	48	0	2	0		56	48
81	11	0	1	0	129	158	2	48	0	2	0		56	49
82	11	0	1	0	129	158	2	48	0	2	0		56	50
83	11	0	1	0	129	158	2	48	0	2	0		56	51
84	11	0	1	0	129	158	2	48	0	2	0		56	52
85	11	0	1	0	129	158	2	48	0	2	0		56	53
86	11	0	1	0	129	158	2	48	0	2	0		56	54
87	11	0	1	0	129	158	2	48	0	2	0		56	55
88	11	0	1	0	129	158	2	48	0	2	0		56	56
89	11	0	1	0	129	158	2	48	0	2	0		56	57
90	11	0	1	0	129	158	2	48	0	2	0		57	48
91	11	0	1	0	129	158	2	48	0	2	0		57	49
92	11	0	1	0	129	158	2	48	0	2	0		57	50
93	11	0	1	0	129	158	2	48	0	2	0		57	51
94	11	0	1	0	129	158	2	48	0	2	0		57	52
95	11	0	1	0	129	158	2	48	0	2	0		57	53
96	11	0	1	0	129	158	2	48	0	2	0		57	54
97	11	0	1	0	129	158	2	48	0	2	0		57	55
98	11	0	1	0	129	158	2	48	0	2	0		57	56
99	11	0	1	0	129	158	2	48	0	2	0		57	57
100	12	0	1	0	129	158	2	48	0	3	0	49	48	48

附录 B 搭建一个 EV3 机器人

序号	材料	结构
1	1x 1x	
2	1x	
3	1x 1x 1x	

序号	材　　料	结　　构
4	1x　　　2x	
5	2x　　　1x	
6	1x　　⑧	
7	1x	

续表

序号	材　料	结　构
8	1x　1x　1x ④	④
9	2x　1x	
10	2x	
11	2x	

序号	材　料	结　构
12		
13	1x ③	
14	1x　　1x	

序号	材　料	结　构
15	2x　1x　1x　1x	
16	1x　1x	
17	2x　1x	

续表

序号	材　料	结　构
18	1x ⑧	
19	1x	
20	1x　1x　1x ④	
21		

序号	材 料	结 构
22	1x	
23	4x	
24	1x 1x ③ 1x	
25	1x	

序号	材　料	结　构
26	1x	
27	1x	
28	1x	
29	2x　2x　4x	2x

序号	材　料	结　构
30	1x	
31		
32	4x	
33	1x　　2x	

序号	材　料	结　构
34	2x	
35	1x 1x	
36		

序号	材　　料	结　　构
37	 1x　1x　1x	
38	 1x　1x	
39	 1x	

序号	材 料	结 构
40	1x 1x 1x	
41	1x 1x	
42	1x	

序号	材　料	结　构
43	35 cm / 14 in. 1x	
44	35 cm / 14 in. 1x	
45		

附录 C 搭建一个 FTC 机器人

序号	实　物
1	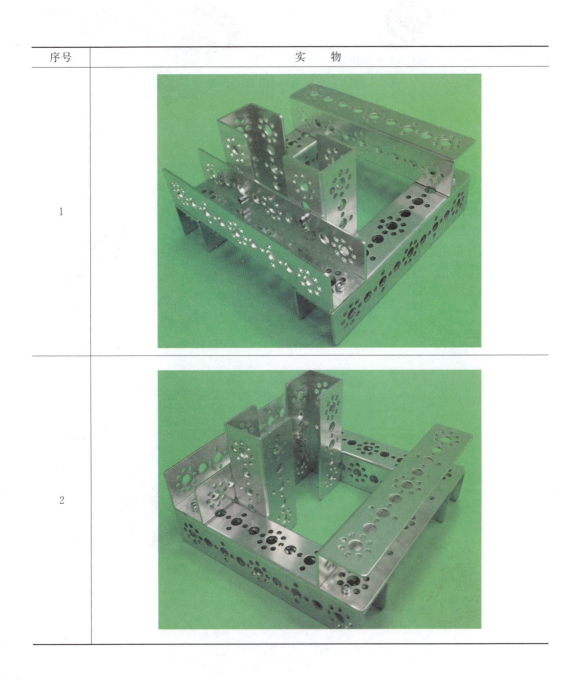
2	

序号	实 物
3	
4	
5	

序号	实　物
6	
7	
8	

序号	实　物
9	
10	
11	
12	

续表

序号	实　物
13	
14	
15	

序号	实　物
16	
17	
18	

续表

序号	实　物
19	
20	
21	

序号	实　　物
22	
23	
24	

App Inventor 2 与机器人程序设计

续表

序号	实　物
25	
26	
27	

180

序号	实　物
28	
29	
30	

续表

序号	实　物
31	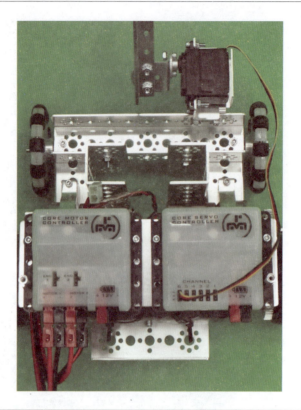
32	

序号	实　物
33	
34	

续表

序号	实　物
35	
36	

参 考 文 献

[1] 曾吉弘,赖伟民,谢宗翰,等. Android 手机程式超简单——机器人卷[M]. 台北:台湾馥林文化,2012.

[2] 王向辉,张国印,沈洁. 可视化开发 Android 应用程序[M]. 北京:清华大学出版社,2013.

[3] 黄仁祥,金琦,易伟. 人人都能开发安卓 App:App Inventor 2 应用开发实战[M]. 北京:机械工业出版社,2014.